叶类蔬菜
病虫害非化学防治技术

◎杜相革　石延霞　王恩东　编著

中国农业科学技术出版社

图书在版编目（CIP）数据

叶类蔬菜病虫害非化学防治技术 / 杜相革，石延霞，王恩东编著．—北京：中国农业科学技术出版社，2020.8

ISBN 978-7-5116-4879-2

Ⅰ.①叶… Ⅱ.①杜… ②石… ③王… Ⅲ.①绿叶蔬菜-病虫害防治 Ⅳ.①S436.36

中国版本图书馆 CIP 数据核字（2020）第 130806 号

责任编辑 史咏竹
责任校对 贾海霞

出 版 者 中国农业科学技术出版社
北京市中关村南大街 12 号 邮编：100081
电 话 （010）82105169（编辑室） （010）82109702（发行部）
（010）82109709（读者服务部）
传 真 （010）82106626
网 址 http://www.castp.cn
经 销 者 各地新华书店
印 刷 者 北京地大天成文化发展有限公司
开 本 880mm×1 230mm 1/32
印 张 4.75
字 数 133 千字
版 次 2020 年 8 月第 1 版 2020 年 8 月第 1 次印刷
定 价 28.00 元

目　　录

第一章 叶类蔬菜主要病虫害调查和特征

第一节 叶类蔬菜主要病害

一、病害调查

根据叶类蔬菜调研和统计分析，明确北京地区普遍种植的叶菜类蔬菜主要包括芹菜、生菜（莴苣）、菠菜、小油菜、快菜（普通白菜）和韭菜等；生产实际中常见病害包括立枯病、病毒病、霜霉病、灰霉病、叶斑病、黑斑病、软腐病、根腐病、菌核病等（表 1-1）。

表 1-1 北京地区叶类蔬菜常见病害

蔬菜种类	主要病害
芹 菜	菌核病、软腐病、根腐病、灰霉病、叶斑病、斑枯病
生 菜	霜霉病、灰霉病、菌核病、软腐病、黑斑病、枯萎病、立枯病
菠 菜	霜霉病、灰霉病、病毒病
小油菜	立枯病、软腐病、菌核病、病毒病
快 菜	霜霉病、立枯病、软腐病、病毒病
韭 菜	灰霉病、疫病、菌核病、软腐病、茎枯病

二、主要病害为害症状和发病特点

（一）立枯病

（1）病原：立枯丝核菌（*Rhizoctonia solani*）。

（2）为害的主要作物：娃娃菜、快菜、生菜、芹菜、韭菜、小油菜、菠菜等。

（3）为害症状：苗期发病较重，发病初期近地面茎基部出现褐色凹陷病斑，以后逐渐干缩。湿度大时，有淡褐色蛛丝状菌丝附在其上，病叶萎垂发黄，易脱落。

（4）传播途径：以菌丝体或菌核在土壤或病残体上越冬，在土中营腐生生活；菌丝能直接侵入寄主，通过灌溉水、农具传播。

（5）发病条件：立枯病是高温高湿条件发生的病害，苗床浇水过多、阴湿多雨利于病菌入侵。温度24℃、pH值6.8左右易发病。

（6）发生高峰：多在育苗中后期，高温高湿、阴雨多湿时期发生。

（二）霜霉病

（1）病原：莴苣盘霜霉（*Bremia lactucae*）、寄生霜霉（*Peronospora parasitica*）、粉霜霉（*Peronospora farinosa*）。

（2）为害的主要作物：生菜、快菜、娃娃菜、小油菜、菠菜等。

（3）为害症状：主要为害叶片，起初在叶面上出现淡绿色小点，后形成褪绿斑点，扩大后病斑为淡黄色，受叶脉限制呈不规则形；发病后期湿度大时在叶背面形成白色霉层（生菜、小油菜、快菜及娃娃菜）或暗粉色霉层（菠菜）。

（4）传播途径：以菌丝体或以卵孢子形式在土壤中、病残体或潜伏在种子内越冬；常附着在叶片表面上借助气流、雨水、机械和人为行为传播。

（5）发病条件：是低温高湿条件发生的病害。温度15~20℃、相对湿度95%左右易发病。

（6）发生高峰：春末夏初或秋季连续阴雨、雾霾天，昼夜温差大时更易发生。

（三）灰霉病

（1）病原：灰葡萄孢（*Botrytis cinerea*，*Botrytis squamosa*）。

（2）为害的主要作物：芹菜、生菜、菠菜和韭菜等。

（3）为害症状：多发生在近地面的茎、叶上，病部出现水浸状病斑，定植后从近地面老叶开始发病，从叶尖开始发病，沿叶脉间形成“V”形向内扩展。

发病后期叶片变黄枯死，病茎腐烂，病斑处出现绒毛状霉层，为白至灰白色，湿度大时变为灰绿色。

（4）传播途径：以菌丝体、菌核、分生孢子随着病残体在土壤中越冬；借助农事操作及气流、雨水、灌溉传播。

（5）发病条件：是低温高湿条件发生的病害。温度25℃左右、相对湿度>90%易发病。

（6）发生高峰：春末夏初，在持续的低温高湿之后，以及秋冬荏阴雨、雾霾天气出现后易发生。

（四）菌核病

（1）病原：核盘菌（*Sclerotinia sclerotiorum*）。

（2）为害的主要作物：生菜、芹菜、小油菜、韭菜、快菜、菠菜等。

（3）为害症状：茎基部染病，初生水渍状斑，后扩展成淡褐色，造成茎基软腐或纵裂，病部表面生出白色棉絮状菌丝体。叶片染病，叶面上现灰色至灰褐色湿腐状大斑，病斑边缘与健部分界不明显，湿度大时斑面上现絮状白霉，终致叶片腐烂。发病后期病部表面现数量不等的黑色鼠粪状菌核。

（4）传播途径：以菌核在土壤、病残体或混杂于种子中越冬、越夏；子囊孢子靠气流传播为害。

（5）发病条件：是低温高湿条件发生的病害。温度20℃左右、相对湿度>85%易发病。

（6）发生高峰：早春及晚秋为病害发生高峰。

（五）软腐病

（1）病原：软腐果胶杆菌（*Pectobacterium carotovorum*）。

（2）为害的主要作物：芹菜、生菜、小油菜、快菜、娃娃菜等。

（3）为害症状：最初在茎基部或靠近地面的根茎部出现水渍状病斑，后期表皮微皱，内部软腐变空。叶部染病，叶片半透明，呈油纸状，后病部扩大成不规则灰褐色湿腐状。发病后期可深入根髓，渗出黏质鼻涕状菌脓，整株软化、腐烂，并散发出恶臭味。

（4）传播途径：细菌在病残体和未腐熟的有机肥内越冬和越夏；借助雨水、农事操作、小昆虫传播。

（5）发病条件：是高温高湿条件发生的病害，温度25～30℃、pH 值为7.2时易发病。

（6）发生高峰：夏季高温期7—8月和秋季温暖的年份发生较多。

（六）叶斑病

（1）病原：芹菜尾孢菌（*Cercospora apii*）。

（2）为害的主要作物：芹菜等。

（3）为害症状：首先在叶缘、叶柄处发病，叶片初呈黄绿色水渍状斑，后发展为圆形或不规则形，中央为灰褐色，内部组织坏死后病部变薄呈半透明状，周缘深褐色，稍隆起，外围具黄色晕圈。病斑不受叶脉限制。叶柄和茎染病，病斑椭圆形，初始产生水渍状小斑，扩大后形成暗褐色稍凹陷条斑，严重时使植株倒伏。湿度大时，病部常出现灰白色霉层。

（4）传播途径：以种子表面和种皮内的菌丝及病残体，以及在土壤中的菌丝和分生孢子越冬；借助气流、雨水或带病种子传播。

（5）发病条件：是高温高湿条件发生的病害，温度28℃左右、相对湿度85%～95%易发病。

（6）发生高峰：春秋两季及梅雨时节发病严重。

（七）黑斑病

（1）病原：芸薹链格孢菌（*Alternaria brassicae*）。

（2）为害的主要作物：生菜、快菜、小油菜等。

（3）为害症状：叶片叶柄部位均可发病，发病初期叶片上出现褐色或黑褐色近圆形病斑，病斑上有同心轮纹，病斑周围有黄色晕圈，病斑多时叶片变黄干枯，湿度大时或结露病斑产生黑色霉层。

（4）传播途径：主要以菌丝体及分生孢子在土壤、病残体、采种株或种子表面越冬。翌年产生分生孢子，借风雨传播侵染，发病后的病斑能产生大量分生孢子进行再侵染。

（5）发病条件：是低温高湿条件发生的病害，连阴雨天气或高湿低温（12~18℃）时易发病。

（6）发生高峰：棚室中以冬春茬口及秋茬较重，露地以9—10月连雨天气为害较重。

（八）枯萎病

（1）病原：尖孢镰孢菌（*Fusarium oxysporum*）。

（2）为害的主要作物：生菜、芹菜等。

（3）为害症状：病株与健株相比株高降低，近地面叶片变黄枯萎。主根维管束部位变为黑褐色，茎基部易折断，根部发育极差。

（4）传播途径：病菌以菌丝体或厚垣孢子在土壤、病残体或附着在种子上越冬，可营腐生生活；借助气流、雨水和灌溉水传播。

（5）发病条件：是高温高湿条件发生的病害，越冬茬生菜在翌年2—3月发病，秋茬在9—10月发病重。种植密度大、连续降雨导致病害加重。

（6）发生高峰：春末和夏季为发生高峰。

（九）黑腐病

（1）病原：野油菜黄单胞菌（*Xanthomonas campestris* pv. *Campestris*）。

（2）为害的主要作物：小油菜、快菜、娃娃菜等。

（3）为害症状：幼株和成株均可发病，病菌可为害叶、茎和角果。叶片染病现黄色“V”形斑，由叶缘向内发生，叶脉变黑褐色，茎部发病呈水浸状暗绿色病斑，湿度大会有菌脓溢出，病斑扩展至整片叶干枯死亡，严重导致根、茎和维管束变黑，植株枯萎。

（4）传播途径：该菌在种子上或土壤中的病残体内及采种株上越冬，病菌在种子上可存活 28 个月，成为远距离传播的主要途径。

（5）发病条件：十字花科蔬菜连作，高温多雨天气和高湿环境叶面结露易导致病原菌侵染，平均气温 15℃时开始发病，15~28℃发病重，气温低于 8℃停止发病，光照少时为害重。

（6）发生高峰：气温偏高，水肥管理不当导致徒长，高温高湿环境为害严重。

（十）病毒病

（1）病原：黄瓜花叶病毒［Cucumber mosaic virus（CMV）］、芜菁花叶病毒［Turnip mosaic virus（TuMV）］、甜菜花叶病毒［Beet mosaic virus（BtMV）］、烟草花叶病毒［Tobacco mosaic virus（TMV）］、油菜花叶病毒［Oilseed rape mosaic virus（ORMV）］等。

（2）为害的主要作物：菠菜、小油菜、快菜、芹菜等。

（3）为害症状：叶片初期褪绿，形成淡绿和浓绿相间的斑驳，并伴有畸形皱缩。有些品种会在叶片上出现黄斑和斑枯，先从老叶发病，后向新叶发展。开始老叶出现褪绿色小圆斑，以后逐渐发展成近圆形的黄斑或黄绿斑。

（4）传播途径：病毒可在窖藏采种株上或在宿根作物（如菠菜）及田边杂草上越冬；借助蚜虫及汁液传播。

（5）发病条件：为高温干旱条件发生的病害，高温会缩短病毒潜育期，相对湿度<75%易发病。

（6）发生高峰：春秋两季及蚜虫高发期。

（十一）韭菜灰霉病

（1）病原：葱鳞葡萄孢菌（*Botrytis squamosa*）。

（2）为害的主要作物：韭菜等。

（3）为害症状：主要为害叶片，初在叶面产生白色至淡灰色斑点，随后扩大为椭圆形或梭形斑，严重病斑连片导致半叶或全叶枯死。高湿环境病斑表面生灰褐色霉层。有的从叶尖向下发展，后扩展为半圆形或“V”形病斑，黄褐色，形成枯叶，后期引起整簇溃烂，严重时成片枯死。

（4）传播途径：病菌随病残体在土壤中及病株上越冬，随气流、雨水、灌溉水传播，进行初侵染和再侵染，温度高时产生菌核越夏。

（5）发病条件：为低温高湿病害，在早春或秋末冬初，连续阴雨、雾霾天气，相对湿度95%以上，易流行。

（6）发生高峰：夏季和秋初，在韭菜成株期至采收期为感病高峰。

第二节　叶类蔬菜主要虫害

一、虫害调查

根据叶类蔬菜不完全调研和统计分析，常见的露地蔬菜害虫有2纲6目11科21种（表1-2），其中蚜虫和鳞翅目害虫为主要害虫；在保护地叶类蔬菜种主要害虫包括蚜虫、害螨、跳甲、蓟马、菜青虫、小菜蛾、斜纹夜蛾、甜菜夜蛾、韭菜迟眼蕈蚊（根蛆）、葱蓟马、潜叶蝇等（表1-3），其中最主要的害虫是蚜虫、韭菜迟眼蕈蚊（根蛆）和西花蓟马。

表 1-2　北京地区露地蔬菜主要害虫种类

目	科	种
同翅目	蚜科	甘蓝蚜 *Brevicoryne brassicae*（Linnaeus） 桃蚜 *Myzus persicae*（Sulzer） 萝卜蚜 *Lipaphis erysimi*（Kaltenbach） 豆蚜 *Aphis laburni* Kaltenbach
	粉虱科	温室白粉虱 *Trialeurodes vaporariorum* Westwood 烟粉虱 *Bemisia tabaci*（Gennadius）
鳞翅目	菜蛾科	小菜蛾 *Plutella xylostella*（Linnaeus）
	粉蝶科	菜粉蝶 *Pieris rapae* Linnaeus
	夜蛾科	斜纹夜蛾 *Spodoptera litura*（Fabr.） 甘蓝夜蛾 *Barathra brassicae*（Linnaeus） 棉铃虫 *Helicoverpa armigera*（HÜbner）
鞘翅目	跳甲科	小地老虎 *Agrotis pypsilon*（Rottemberg） 黄曲条跳甲 *Phyllotrata striolata*（Fabricius） 黄守瓜 *Aulacophora.fermoralis chinensis* Weise
	瓢甲科	马铃薯瓢虫 *Henosepilachna vigintioctomaculata*（Motsch.） 茄二十八星瓢虫 *Henosepilachna vigintioctopunctata*（Fabricius）
直翅目	蟋蟀科	油葫芦 *Gryllus mitratus* Burmeister
	蝗科	中华蚱蜢 *Acrida chinerea*（Thunberg）
半翅目	蝽科	菜蝽 *Eurydema pulchra*（Westwood）
蜱螨目	叶螨科	朱砂叶螨 *Tetranychus cinnabarinus*（Boisduval） 二斑叶螨 *Tetranychus urticae* Koch

表 1-3　保护地叶类蔬菜主要害虫

蔬菜种类	主要害虫
芹　菜	蚜虫、潜叶蝇、蓟马、害螨
生　菜	蚜虫、蛞蝓、韭菜迟眼蕈蚊（根蛆）、潜叶蝇
菠　菜	蚜虫、潜叶蝇、夜蛾、根螨
小油菜	蚜虫、跳甲、小菜蛾、菜青虫、潜叶蝇
快　菜	蚜虫、跳甲、小菜蛾、菜青虫
韭　菜	韭菜迟眼蕈蚊（根蛆）、葱蓟马、潜叶蝇

二、主要害虫为害症状和发生特点

（一）蚜　虫

叶类蔬菜蚜虫主要有桃蚜、瓜蚜（棉蚜）、萝卜蚜（菜蚜）、甘蓝蚜等，其田间识别、主要为害症状及生活习性见表1–4。

表1–4　常见蚜虫的田间识别和为害症状

虫　别	成虫（无翅雌蚜）形态特征	寄　主	为害症状	生活习性
桃　蚜	体淡色、头部深色、体表粗糙、额瘤明显	十字花科蔬菜	叶片卷曲变形，传播病毒	温室：不越冬，终年胎生；露地：4月下旬有翅蚜迁飞到蔬菜，10月开始越冬
瓜　蚜	又名棉蚜，夏季黄绿色，秋季墨绿色	菠菜	叶片卷曲、萎缩，传播病毒	以成虫或若虫越冬或繁殖；适宜温度25℃，相对湿度75%
萝卜蚜	又名菜蚜，绿色或黑绿色，有薄粉，表面粗糙，有菱形网纹	十字花科蔬菜，嗜食白菜和油菜	幼叶向下畸形卷缩，传播病毒	温室终年以无翅胎生雌蚜繁殖；喜欢白菜、萝卜等有毛的蔬菜
甘蓝蚜	全身暗绿色，披有厚的白蜡粉，无额瘤	十字花科蔬菜	叶片卷曲，分泌蜜露，传播病毒	以卵越冬，胎生，繁殖适温16~17℃，喜食光滑无毛的蔬菜

（二）蓟　马

（1）种类：叶类蔬菜蓟马主要有瓜蓟马、葱蓟马和西花蓟马。

（2）为害的主要作物：生菜、韭菜、芹菜等。

（3）成虫为害症状：以锉吸式口器为害心叶、嫩芽。被害叶形成许多细密而长形的灰白色斑纹，使叶子失去膨压而下垂，严重时扭曲、变黄枯萎。可传播植物病毒。

（4）幼虫为害症状：被害叶形成许多细密而长形的灰白色

斑纹。

(5) 引发的危害：可传播病毒病。嫩叶受害后使叶片变薄，出现变形、卷曲，生长势弱，易与侧多食跗线螨为害相混淆。

(6) 世代：一年多代。

(7) 发生高峰：常发性害虫。

(8) 田间识别：详见表1–5。

表1–5　蓟马的田间识别特征

虫　态	特　征
成　虫	成虫翅细长、透明，周缘有很多细长毛。1~2龄无翅芽，3~4龄翅芽明显
卵	卵散产于叶肉组织内，每雌产卵22~35粒；25℃左右是卵期，为6~7d
幼　虫	幼若虫呈白色、黄色或橘色，体微小，若虫在叶背取食到高龄末期停止取食，落入表土化蛹
蛹	前蛹和伪蛹都具有发育完好的胸足，同成虫大小相似

(三) 韭菜迟眼蕈蚊 (根蛆)

(1) 为害的主要作物：韭菜、大葱、洋葱、小葱、大蒜等百合科蔬菜，偶尔也为害莴苣、青菜、芹菜等。北京地区发现为害生菜比较严重，造成烂根，引发根腐病。

(2) 成虫为害症状：无。

(3) 幼虫为害症状：春秋两季主要为害韭菜的幼茎引起腐烂，使韭叶枯黄而死。夏季幼虫向下活动蛀入鳞茎，重者鳞茎腐烂，整墩韭菜死亡。春季为害生菜，引发根腐。

(4) 引发的危害：可传播腐烂病、根腐病。

(5) 世代：不同地理位置，不同气候环境，该虫的发生随地域略有差异。如天津一年发生4代，山东寿光一年发生6代，江苏徐州一年发生5代。

（6）发生高峰：春季、夏季、秋季。

（7）田间识别：详见表1-6。

表1-6 韭菜迟眼蕈蚊的田间识别特征

虫 态	特 征
成 虫	体小，体长2.0~5.5mm，翅展约5mm，体背黑褐色
卵	椭圆形，白色，0.24mm×0.17mm
幼 虫	体细长，老熟时体长5~7mm，头漆黑色有光泽，体白色，半透明，无足
蛹	裸蛹，初期黄白色，后转黄褐色，羽化前灰黑色，头铜黄色，有光泽

（四）潜叶蝇

（1）为害的主要作物：菠菜、油菜、生菜和芹菜等。

（2）成虫为害症状：成虫羽化后在田间取食花蜜，交尾后雌成虫把植物叶片正面刺伤，取食和产卵，导致大量叶片组织细胞死亡，形成针尖大小的近圆形刺伤“孔”。“孔”初期呈浅绿色，后变白，肉眼可见。

（3）幼虫为害症状：以幼虫潜入叶片，在上下表皮间曲折穿行，取食叶肉，造成不规则的灰白色线状隧道，破坏叶绿体细胞，使光合作用减弱。

（4）引发的危害：无。

（5）世代：一年多代。

（6）发生高峰：常发性害虫。

（7）田间识别：详见表1-7。

表1-7 潜叶蝇的田间识别特征

虫 态	特 征
成 虫	体长4~6mm，灰褐色

（续表）

虫态	特征
卵	卵呈白色，椭圆形，大小为0.9mm×0.3mm。卵产在嫩叶上，位置多在叶背边缘，产卵时先以产卵器刺破叶背边缘下表皮，然后再产1粒卵于刺伤处，产卵处叶面呈灰白色小斑点
幼虫	幼虫潜入叶片组织内蛀食叶肉，残留上下表皮，形成隧道，呈曲折状，里面残留有虫粪，有时还可见幼虫留下的半透明水疱状表皮。幼虫有时钻入叶柄，在幼茎内蛀食，形成弯曲隧道
蛹	蛹长约5mm，呈椭圆形，开始为浅黄褐色，后变为红褐色，羽化前变为暗褐色

（五）跗线螨（茶黄螨）

（1）为害的主要作物：食性极杂，已知寄主达70余种。

（2）为害症状：成螨、幼螨集中在寄主幼嫩部位刺吸汁液，尤其是尚未展开的芽、叶和花器。被害叶片增厚僵直、变小或变窄，叶背呈黄褐色、油渍状，叶缘向下卷曲。幼茎变褐。梢呈丛生状或秃尖。

（3）引发的危害：肉眼一般难以发现，为害症状又和病毒病或生理病害症状有些相似。

（4）世代：一年多代。

（5）发生高峰：保护地可周年发生。

（6）田间识别：详见表1-8。

表1-8　跗线螨的田间识别特征

虫态	特征
卵	卵期1~3d，产卵期可达25d。卵呈椭圆形，透明。附着在幼嫩的组织上，在卵露在外面的弧形表面上还会有6排白色突刻点。刚产下时刻点不明显，以后逐渐明显，接近孵化时白色刻点更加显著。这种特异性的卵便成了识别跗线螨的依据，只要见到这种白色突刻点的卵即可以认定这种蔬菜上发生了跗线螨
幼螨	白色不透明，近椭圆形，后端稍尖

（续表）

虫　态	特　征
若　螨	梭形，前后两头透明，中间为白色，为一静止时期。雌雄若螨形态略有差异，雄若螨瘦细尖长，雌若螨较为丰满

（六）跳甲（黄曲条跳甲）

（1）为害的主要作物：小白菜、油菜和快菜等。

（2）成虫为害症状：成虫食叶，幼苗期为害严重，喜食子叶，成虫为害较重，喜食幼嫩部分，造成多个孔洞；严重时，在子叶初现时就可将子叶和生长点吃掉，导致成片枯死。

（3）幼虫为害症状：幼虫潜伏土内只为害根部，蛀食根皮，咬断须根，植株死亡。

（4）引发的危害：传播软腐病。

（5）世代：北京一年 4~5 代。

（6）发生高峰：春秋两季发生严重，秋季较春季严重，湿度高的田块较湿度低的田块严重。

（7）田间识别：详见表 1-9。

表 1-9　跳甲的田间识别特征

虫　态	特　征
成　虫	成虫为黑色小甲虫，鞘翅上有一条黄色纵斑，中部狭长而弯曲；以成虫在落叶、杂草中潜伏越冬；气温达到 10℃ 以上取食，20℃ 取食旺盛；成虫善跳跃、高温时可飞翔，中午前后活动最盛；有趋光性；对黑光灯敏感；成虫寿命长达 1 个月以上
卵	产卵于植物周围湿润的土缝隙或细根上，每雌虫产卵 200 粒，高温高湿条件孵化
幼　虫	幼虫孵化后在 3~5cm 的表土层啃食根皮，3 龄，发育历期为 11~16d
蛹	老熟幼虫在 6~7cm 土层中化蛹，蛹期约 20d

（七）菜粉蝶（幼虫为菜青虫）

（1）为害的主要作物：甘蓝、菜花、白菜、萝卜等十字花科蔬菜。

（2）成虫为害症状：无。

（3）幼虫为害症状：1~2龄幼虫只啃食叶肉，留下一层薄而透明的表皮。3龄以后可食整个叶片，轻则虫孔累累，重则仅剩叶脉和叶柄。

（4）引发的危害：虫粪污染蔬菜，虫伤易引起软腐病的发生。

（5）世代：一般一年发生5~6代，世代重叠现象严重。

（6）发生高峰：春末夏初及秋季两个为害高峰。

（7）田间识别：详见表1-10。

表1-10 菜青虫田间识别特征

虫 态	特 征
卵	3月上旬羽化出成虫，田间3月底可见其卵。卵多产在叶背面，春秋气温低时也产在叶面上。每只雌成虫可产卵100~200粒，卵期3~8d
幼 虫	幼虫共5龄，幼虫期15~20d，幼虫多在叶背和叶心为害
蛹	老熟幼虫化蛹前停止取食，蛹期5~7d

（八）小菜蛾

（1）为害的主要作物：甘蓝、菜花、白菜、萝卜等十字花科蔬菜。

（2）成虫为害症状：无。

（3）幼虫为害症状：初孵幼虫啃食叶肉，残留表皮，呈透明斑。3~4龄幼虫食叶成孔洞，甚至网状。苗期常集中心叶为害，也可为害嫩茎。

（4）引发的危害：虫粪污染蔬菜，虫伤易引起软腐病的发生。

（5）世代：一年发生10代左右，有世代重叠。

（6）发生高峰：常年发生。

（7）田间识别：详见表1-11。

表 1-11　小菜蛾田间识别特征

虫　态	特　征
卵	卵期 3~10d。产卵期可达 10d。每雌可产卵 200 粒，卵散产或数粒在一起，多产于叶背脉间凹陷处
幼　虫	幼虫活跃，遇惊扰扭动、倒退或翻滚落下
蛹	老熟幼虫在叶脉附近或落叶上结茧化蛹，蛹期 9d 左右

（九）斜纹夜蛾

（1）为害的主要作物：油菜、快菜、菠菜和韭菜等。

（2）成虫为害症状：无。

（3）幼虫为害症状：幼虫取食叶片，叶片缺刻或仅留叶脉和叶柄，并排泄粪便造成污染。

（4）引发的危害：可传播腐烂病。

（5）世代：一年发生 4~5 代，世代重叠。

（6）发生高峰：各虫态的发育适温度为 28~30℃。

（7）田间识别：详见表 1-12。

表 1-12　斜纹夜蛾田间识别特征

虫　态	特　征
成　虫	成虫体长 14~21mm，翅展 37~42mm，成虫口器发达，下唇须有钩形、镰形、椎形、三角形等多种形状，少数种类下唇须极长，可上弯达胸背
卵	卵半球形，直径约 0.5mm；初产时黄白色，孵化前呈紫黑色，表面有纵横脊纹，数十至上百粒集成卵块，外覆黄白色鳞毛
幼　虫	夏秋虫口密度大时体瘦，黑褐或暗褐色；冬春数量少时体肥，淡黄绿或淡灰绿色
蛹	蛹长 18~20mm，长卵形，红褐至黑褐色

第三节 线虫和野蛞蝓

根据叶类蔬菜调研和统计分析，明确北京地区叶类蔬菜除了病害和虫害外，还有根结线虫和野蛞蝓等有害生物。根结线虫主要发生在芹菜、小油菜；野蛞蝓主要发生在小油菜、快菜、生菜和芹菜等蔬菜上。

一、南方根结线虫

根结线虫属（*Meloidogyne* spp.）主要有南方根结线虫、北方根结线虫、甘薯茎线虫、花生根结线虫、大豆胞囊线虫等9种，其中南方根结线虫是为害叶类蔬菜最主要的种类。

（1）为害的主要作物：除葱、蒜外的全部作物。

（2）成虫为害症状：植株矮小，当病情指数达到4级以上时影响明显。

（3）幼虫为害症状：在根系造成结节，严重时膨大形成根瘤，影响营养和水分传输，主要表现：①抑制茎干的生长，伴随茎根比下降；②叶片营养缺乏，特别是出现黄化的症状；③在轻度水分胁迫期或中午，甚至是在土壤水分充足的情况下，植株也表现间歇性萎蔫；④降低植株的产量。

（4）引发的危害：可传播根腐病。

（5）世代：以卵在土壤中越冬，有些以2龄幼虫或雌虫在病根中越冬。1龄幼虫在卵内发育完成，蜕皮一次后从卵内孵化，就形成2龄幼虫，当温度适宜时，并在寄主根部分泌物的诱导下，会向根部移动，侵入根部，寄生在皮层与中柱周围，使植物根部形成根结，此后，2龄幼虫取食植物根部营养物质，在根内生长，逐渐发育成3龄幼虫、4龄幼虫、成虫，随后雄成虫在根表或土壤中活动，寻找雌虫交尾，而雌成虫继续寄生在根内，环境条件适宜时，营孤雌生殖，当环境不适宜时进行两性生殖。

（6）发生高峰：春季和秋季。

（7）田间识别：详见表 1-13。

表 1-13　南方根结线虫田间识别特征

虫　态	特　征
成　虫	雌虫生活于寄主组织内，呈乳白色，梨形；雄虫线状，尾端钝圆
卵	雌成虫产卵时，直肠腺分泌的黏液会将卵粘在一起形成卵囊，新产生的卵囊为乳白色，随着暴露在外的时间增加，卵囊颜色逐渐变成黄褐色，每卵块一般含有 300~1 000 粒卵，呈肾形或椭圆形，淡褐色
幼　虫	2 龄幼虫为蠕虫形，属于侵染期幼虫

二、野蛞蝓

（1）为害的主要作物：油菜、生菜和快菜等。在地面潮湿环境和种植密度较大的油菜和快菜上发生严重，在芹菜上也有发生。

（2）为害症状：成虫和幼虫取食蔬菜叶片形成孔洞，以幼苗和嫩叶受害严重。

（3）引发的危害：蛞蝓为害时排泄的粪便及分泌的黏液也会造成蔬菜品质下降，爬行过的地方像蜗牛一样留下白色的黏液痕迹。

（4）世代：一年 1 代，约 250d。

（5）发生高峰：野蛞蝓怕光，白天不活动，夜间活动，晚上 10：00—11：00 为活动高峰，清晨之前又陆续潜入土中或隐蔽处。野蛞蝓以成虫体或幼体在作物根部湿土下越冬。活动的最佳条件为气温 11. 5~18. 5℃、土壤含水量为 20%~30%。4—6 月在田间大量活动，6—8 月活动能力弱，9—11 月活动能力强，因此防治的时间以春季和秋季为主；在温室条件下主要是春季和秋季发生，春季高发期在 3—4 月，秋季高发期在 10—12 月。

（6）繁殖：雌雄同体、异体受精，亦可同体受精繁殖，从孵化至成虫性成熟约 55d。成虫产卵期可长达 160d。5—7 月产卵，卵产于湿度大且隐蔽的土缝中；每隔 1~2d 产一次，一般 1~32 粒，每处产卵 10 粒左右，平均产卵量为 400 余粒。

（7）田间识别：详见表 1-14。

表 1-14　野蛞蝓田间识别特征

虫　态	特　征
成　虫	长梭形，柔软，光滑无外壳，体表暗黑色或暗灰色、黄白色或灰红色，怕光，耐饥饿
卵	椭圆形、柔韧而富有弹性，白色透明，可见卵核；卵期 16~17d
幼　虫	淡褐色，体形同成虫

第二章　叶类蔬菜主要病虫害农业防治

第一节　概　述

在生产实践中已经总结和形成的一些比较完整、有效的农业防治方法，包括病害防治和虫害防治，为了更好地了解和学习农业防治的措施，对现有的农业防治措施进行归类和分析如下。

一、病害防治

农业防治是病害防治的最基础的措施，也是最有效的措施，因为在病害防治中强调预防为主，农业措施大部分都建立在预防的基础之上，在病害防治过程中有广泛的应用。

农业防治的特点是低成本、持续、有效，方法简单，所使用的材料容易获得，并且对环境没有任何影响，是传统农业的一个重要的组成部分，也是有机农业和生态农业的重要组成部分，因此，在绿色发展的背景下，生产优质安全的叶类蔬菜，农业防治是必须的，也是首选措施。

表 2-1 中是在蔬菜栽培上最常用的农业防治措施，并且在病害的预防中，起到了非常重要的作用，有些技术在此基础上得到进一步研究和优化，成为叶类蔬菜生产的核心技术，如蔬菜残体处理技术、纸筒育苗技术、平高畦栽培技术、间作技术和诱集技术等。

表 2-1 病害主要农业防治措施

农业措施	关键技术	实施要点	防治的病害
品 种	种子选择和本地育种	选择抗病品种	种传病害、根部病害、病毒病和叶部病害
育 苗	育苗基质和营养	(1)基质育苗或纸筒育苗; (2)基质配置和营养平衡; (3)根系发达，白根比例高; (4)漂浮育苗	立枯病、猝倒病
深耕、土壤消毒	蔬菜收获后及时深翻;高温季节	(1)深耕 40cm，破坏土栖环境; (2)有机物+石灰，浇透水，膜覆盖; (3)秸秆、微生物菌剂在阳光作用下，产生二氧化碳，膜覆盖，持续 40~60d	土传病害
清洁田园	蔬菜收获后	(1)集中深埋或作为发酵原料; (2)防治线虫; (3)疏松土壤	菌核病、叶斑病、霜霉病等
轮 作	常年实施	(1)制订轮作计划，同科不宜轮作; (2)与豆科、禾本科和菊科作物轮作; (3)两茬轮作一次	多种病害
间套种	驱避、招引或者诱集	(1)选择对病虫害有诱集作用的作物，如万寿菊吸引线虫; (2)选择对天敌有吸引作用的作物，如油菜吸引瓢虫等; (3)种植葱、蒜，驱避线虫	叶部病害
有机肥	底肥和追肥	(1)提高有机质增强抗病抗虫能力; (2)提高土壤微生物数量，减少土壤病原菌	提高对病害的抗性和农作物品质
栽培管理	平高畦栽培	(1)高畦减少根茎部水分，抑制病害; (2)增加通透性，减少叶部病害; (3)保持土壤表面干燥，减少茎基腐病	根腐病、茎基腐病、软腐病等

（续表）

农业措施	关键技术	实施要点	防治的病害
中耕除草	生长期	（1）消除中间寄主； （2）保留有益的杂草，增加天敌	螨类等杂食性害虫
覆盖地膜	生长期	（1）减少土壤病害； （2）保墒，维持土壤的保湿能力； （3）抑制杂草	土传病害

二、虫害防治

虫害的防治在叶类蔬菜中更加重要，对蔬菜的外观品质影响更明显。从防治基础上来说，虫害防治比病害防治更加有可见性、可预测性、可观察性，因此有些农业措施更直接、更有效果，更容易被接受和推广（表2-2）。

表2-2　虫害主要农业防治措施

农业措施	关键技术	技术要点	防治的虫害
抗虫品种	种子和本地育种	选择蜡质厚、生长周期短，速生品种	蚜虫和蓟马
深耕晒垡	收获后，播种前	（1）深度40cm左右； （2）通过浇水破坏蛹室； （3）暴晒，破坏虫体含水量	鳞翅目害虫、蓟马、根蛆、根螨、地下害虫
轮　作	生长期	种植非十字花科蔬菜（如菊苣等）防治黄曲条跳甲、小菜蛾等专一性食性害虫	多种害虫
间套作	生长期	（1）选择对病虫害有驱避作用的作物（如番茄与芹菜间作驱避粉虱）； （2）选择害虫喜食的作物，如蛞蝓更喜食快菜； （3）叶类蔬菜间作茄子和烟草可以诱集白粉虱	白粉虱、蛞蝓

（续表）

农业措施	关键技术	技术要点	防治的虫害
有机肥	底肥和追肥	（1）有机肥应腐熟，减少地下害虫和根蛆；（2）减少蚜虫、螨类和粉虱等害虫	蚜虫、螨类等
栽培模式	推拉模式	（1）根据害虫对食物和颜色的喜好性建立诱集模式（拉）；（2）根据害虫对食物和颜色的不喜好性，建立驱避模式（推）	西花蓟马、白粉虱
中耕除草	生长期	二斑叶螨杂食性，减少替代食物	二斑叶螨
清洁田园	蔬菜收获后	（1）干净彻底；（2）农田废弃物作为堆肥材料	蚜虫和螨类

第二节　研究和成果

一、替代草炭的育苗基质——以油菜育苗基质配方的优选为例

随着现代化农业的飞速发展，蔬菜生产模式正由传统的个体形式向“科学化、集约化、市场化和商品化”的现代产业化模式转变。育苗是蔬菜生产的核心，育苗质量的好坏直接决定着蔬菜产量与品质。蔬菜育苗基质是指那些能为蔬菜生长供给稳定协调的水、气、肥结构的生长介质。以工厂化为基础的基质育苗栽培技术可以有效地提高种子的发芽率及蔬菜育苗的安全系数。

（一）材料与方法

（1）试验材料：叶用油菜品种华绿四号，种子购买自中国农业科学院蔬菜花卉研究所；草炭、蛭石、竹炭、腐殖酸购买于京广达恒益生物科技有限公司；穴盘为128孔育苗盘，8穴×16穴；

竹醋液密度 1.006g/mL，pH 值 2.62，醋酸含量 4.54%；蚯蚓有机肥 $N+P_2O_5+K_2O \geq 5.0\%$，有机质≥45%。

（2）试验方法：试验按照蛭石、蚯蚓肥、竹炭和腐殖酸的不同体积比例配制基质，以及每立方米基质中添加不同体积的竹醋液，共计设置 1 个空白对照和 15 个处理（表 2-3）。按每立方米基质中分别添加 1 000 mL、500mL、250mL、125mL 竹醋液，不足 1 000mL 的部分用清水补充；对照处理只添加 1 000mL 清水。每处理 128 株。

表 2-3 基质配比（体积比）设计

处 理	草 炭	蛭 石	蚯蚓肥	竹 炭	腐殖酸
CK	2	1			
T1		7	2	1	
T2		6	2	1	1
T3		5	3	2	

该试验于 2015 年 5 月初进行育苗，长出 2~3 片真叶时开始间苗，待长到 10 片真叶时进行农艺性状等指标的测定。

（二）结果分析

试验结果（表 2-4）表明，不同比例蛭石、蚯蚓肥、竹炭、腐殖酸配制固体基质并分别加入不同体积的竹醋液后，油菜苗期生长指标具有明显差异，蛭石：蚯蚓肥：竹炭：腐殖酸为 6：2：1：1，油菜苗期叶长、叶宽和有效叶片数指标最佳。在固态基质中添加不同体积的竹醋液，可以不同程度地促进油菜幼苗的生长。在各处理中，添加 1 000 mL 竹醋液的处理效果最为明显，其油菜苗的指标为：油菜苗期叶长为 10.18cm，叶宽为 4.84cm，有效叶片数为 11.33 片，显著高于对照及其他处理。因此，蛭石：蚯蚓肥：竹炭：腐殖酸为 6：2：1：1，并且每立方米基质中添加 1 000mL 竹醋液的育苗基质育苗效果最好。

表 2-4　不同育苗基质配方对油菜幼苗农艺性状的影响

处　理	叶　长 (cm)	叶　宽 (cm)	有效叶片数 (片)
CK	(6.82±0.16) g	(3.40±0.15) d	(8.33±0.33) c
T1-清水	(7.12±0.08) fg	(3.61±0.11) bcd	(8.33±0.33) c
T1-1 000	(8.24±0.13) defg	(3.56±0.09) d	(9.33±0.33) bc
T1-500	(7.57±0.01) bcde	(4.43±0.29) abc	(9.33±0.33) bc
T1-250	(7.47±0.16) efg	(4.02±0.04) cd	(8.67±0.33) bc
T1-125	(7.50±0.19) defg	(3.71±0.09) cd	(9.33±0.33) bc
T2-清水	(7.71±0.26) def	(4.05±0.17) bcd	(9.33±0.33) bc
T2-1 000	(10.18±0.15) a	(4.84±0.07) a	(11.33±0.33) a
T2-500	(8.61±0.26) b	(4.79±0.13) a	(10.33±0.33) ab
T2-250	(8.35±0.22) bcd	(4.59±0.24) ab	(10.00±0.33) abc
T2-125	(7.81±0.12) bcdef	(4.04±0.10) bcd	(9.33±0.33) bc
T3-清水	(7.31±0.08) fg	(3.40±0.15) d	(9.00±0.58) bc
T3-1 000	(8.58±0.23) bc	(4.03±0.09) bcd	(9.33±0.33) bc
T3-500	(7.70±0.17) def	(3.87±0.12) bcd	(8.67±0.67) bc
T3-250	(7.77±0.18) cdef	(3.95±0.06) bcd	(8.67±0.33) bc
T3-125	(7.47±0.16) efg	(3.95±0.06) bcd	(8.67±0.33) bc

注：同一系列不同小写字母表示不同处理间在 $P<0.05$ 水平上差异显著，下同。

叶类蔬菜育苗是叶类蔬菜产业化和规模化的重要环节，对于育苗基质的替代和优选是育苗工作的重要内容。而草炭作为常规育苗基质的原料，是一种不可再生的资源，草炭的育苗效果不错，但对于现代化农业的工厂化育苗来说，草炭是非再生资源。因此，研究替换草炭的育苗基质是节约资源的要求。

蚯蚓肥和竹炭是利用自然的循环资源，用其替代草炭有利于农业的可持续发展，也符合有机农业的基本理念。

竹醋液是生产竹炭的废弃产品，有多种功能和作用，充分利用竹醋液的生长调节功能和促进植物生长的作用，幼苗生长迅速，

出苗率高且幼苗比较均匀，壮苗指数大。

因此，以蚯蚓肥、竹炭等来代替草炭配比成的育苗基质配方是可行的，既不影响出芽率与生长状况，又能够降低育苗成本并节约资源。

二、利用田间杂草和蔬菜残体还田疏松土壤

（一）研究方案设计

利用田间的杂草和蔬菜残体，将农业废弃物和有机碳肥、酒精酵母、竹醋液一起作为土壤改良剂和疏松剂，观察有机物还田和对土壤疏松效果的影响。农业废弃物处理和对土壤状况的4因子3水平正交设计见表2-5，每个处理10m^2。

表2-5　农业废弃物处理和对土壤状况的4因子3水平正交设计

试验地号	废弃物厚度（cm）	有机碳肥（mL/10m^2）	酵母扩繁液（mL/10m^2）	竹醋液（mL/10m^2）
1#	5	200	200	50
2#	5	300	300	100
3#	5	500	500	150
4#	10	200	300	150
5#	10	300	500	50
6#	10	500	200	100
7#	15	200	500	100
8#	15	300	200	150
9#	15	500	300	50

（二）材料准备

（1）废弃物：包括大棚内的蔬菜残体、秸秆和冬季收集的银杏叶；棚外的紫穗槐叶。集中后用粉碎机粉碎。

（2）酵母扩繁液：在大塑料桶内，将酒精酵母混入水、瓜类蔬菜（用刀切碎），进行发酵。前1周好氧发酵、搅拌，之后厌氧静置发酵，作为发酵的菌种。

（3）有机碳肥：是由工厂提供的产品，不用前期处理。

（4）竹醋液：从厂家购买，不用事先处理。

（三）操作流程

（1）拔掉田间的所有杂草和蔬菜残体、粉碎，备用。

（2）将废弃物平铺在畦面上，达到处理的厚度。

（3）将不同处理的有机碳肥、酵母扩繁液和竹醋液，兑水，喷壶均匀喷洒在杂草上。

（4）用水管浇水，浇透。

（5）覆盖地膜或者棚膜，盖严，边缘压实，保证不漏气；覆盖膜按照畦面大小准备，周边密封可以用地钉。

（6）密封处理 21d。

（7）测试：用竹竿插入，测定插入土壤的深度；每个小区 5 个点，5 点取样，计算平均深度。

（四）研究结果

利用田间的杂草和蔬菜残体处理后还田，对土壤疏松度的影响见表 2-6。

表 2-6　田间杂草和蔬菜废弃物处理后对土壤疏松度的影响

试验地号	废弃物厚度（cm）	有机碳肥处理（mL）	酵母扩繁液处理（mL）	竹醋液处理（mL）	土壤疏松深度（cm）
1#	5	200	200	50	27.33
2#	5	300	300	100	32.67
3#	5	500	500	150	26.67
4#	10	200	300	150	32.22
5#	10	300	500	50	34.56
6#	10	500	200	100	34.11
7#	15	200	500	100	34.78
8#	15	300	200	150	36.33
9#	15	500	300	50	38.11
CK					25.00

三、轮作和间作控制小菜蛾

（一）实验材料和方法

在顺义基地，在露地条件下，设计甘蓝、莴苣和茄子为 A 组，番茄、菜豆和青蒜为 B 组，A 组蔬菜与 B 组蔬菜间作。按照甘蓝、番茄、莴苣、菜豆、茄子和青蒜的顺序种植。秋冬季种植品种及方式为莴苣采收后种植甜玉米，甘蓝收获后种植萝卜、白菜；番茄收获后种植萝卜、白菜；青蒜地块一直保留。A 组蔬菜与 B 组蔬菜种植面积比例为 1∶1（1#地块）、2∶1（2#地块）和 3∶1（3#地块）。

（二）结果和分析

实验结果表明，对于小菜蛾，只有甘蓝、番茄上出现小菜蛾的幼虫，而莴苣、菜豆、茄子和青蒜均未见小菜蛾幼虫出现。在京郊常见的蔬菜中，可知其产卵趋向为最喜十字花科植物，其次为茄科植物，而菊科、豆科和百合科并非其寄主。

如表 2-7 和图 2-1，3 个不同间作比例地块中，小菜蛾的虫口密度 1#地块显著大于 2#地块和 3#地块，而且数量上升迅速；而 2#地块与 3#地块差异不显著。由于 1#地块 A 组蔬菜与 B 组蔬菜的间作比例为 3∶1，小菜蛾喜食的十字花科作物甘蓝栽培面积相对较大，因此其虫口密度高。而间作比例为 2∶1 的 2#地块与间作比例为 1∶1 的 3#地块相比，虽然甘蓝面积相对较大的 2#地块小菜蛾虫口密度大于甘蓝面积最小的 3#地块，但二者间差异并不显著。

表 2-7　3 种间作比例下小菜蛾的虫口密度

试验地号	虫口密度（头/25 株）						
	5 月 12 日	5 月 16 日	5 月 19 日	5 月 22 日	5 月 25 日	5 月 29 日	6 月 2 日
1#	1	3	6	11	13	74	105
2#	0	2	4	8	10	26	36
3#	0	1	2	5	6	21	29

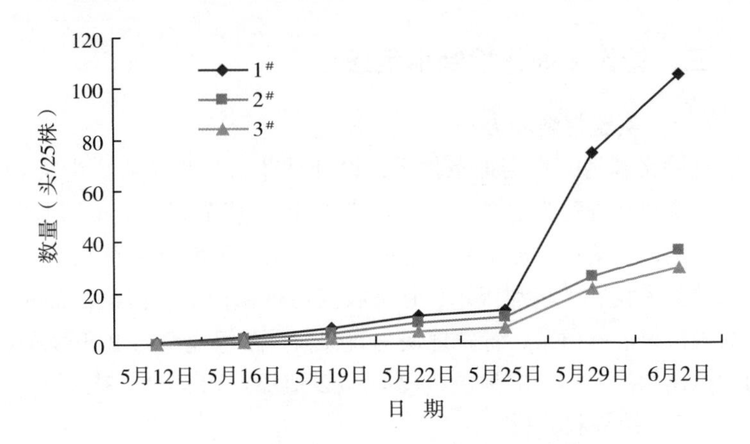

图 2-1　不同间作比例小菜蛾的数量变化

四、东西向平高畦种植降湿增温，预防病害和蛞蝓的发生

在怀柔区天安有机蔬菜基地，观测到采取东西向平高畦种植快菜和油菜，畦面温度和湿度变化明显。该基地 33 号棚东西向平高畦种植的快菜和油菜，4 月中旬测定温度和湿度。东西向平高畦温度平均值为 21.8℃，湿度平均值为 81.3%；平畦温度平均值为 19.4℃，湿度平均值为 96.4%。

蛞蝓发生情况：平畦 3 头/m^2，平高畦无蛞蝓发生。

五、黄瓜与芹菜间作减少黄瓜霜霉病发生

（一）试验设计

间作和单作均采取垄畦栽培，按照 40cm 和 90cm 大小行距起垄，株距 50cm，垄高 15cm，沟宽 30cm，深 15cm，便于采收和田间管理。间作每个施肥处理每种植 2 垄黄瓜间作 1 垄芹菜，每垄种 2 行黄瓜或芹菜，每个处理重复 3 次。单作每垄种植 2 行黄瓜，每

个小区种植 3 垄，重复 3 次。

在不同处理小区按五点取样法挑选 10 株黄瓜挂牌标记，每株黄瓜从上到下记录所有叶片的发病情况，计算各个小区的病情指数。黄瓜霜霉病发病程度的分级标准为 0~9 级。

(二) 结果和分析

如图 2-2 所示，结果表明，黄瓜与芹菜间作以后，在黄瓜霜霉病发病期间，单作区的霜霉病病情指数高于间作，间作病情指数相对于单作减低幅度最高达到 46. 82%。间作和单作区上位叶病情指数不断升高，但相对于中位叶和下位叶，其病情指数最低；间作区中位叶病情指数呈现上升趋势，但一直低于单作区；间作区和单作区下位叶病情指数均呈现下降趋势，但以间作区的下降趋势最为明显。综合而言，在黄瓜成株期，黄瓜和芹菜间作能够抑制黄瓜霜霉病的发生和发展，因而对霜霉病有一定的抑制作用。

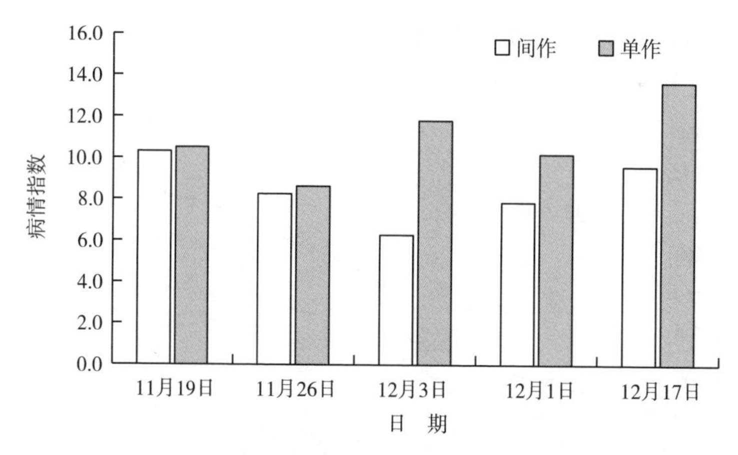

图 2-2　不同栽培模式下黄瓜霜霉病的病情指数

六、芹菜和黄瓜的种植模式控制西花蓟马

（一）试验材料

诱集植物为萝卜和芹菜（文图拉西芹），均由怀柔京承现代有机农业园提供种子。诱集植物田间筛选的试验方法：试验在有西花蓟马为害的黄瓜大棚中进行。使用农户提供的白萝卜种子、芹菜种子和黄瓜种子，在温室中共同种植，吸引西花蓟马离开黄瓜移动到白萝卜和芹菜上。使用3种植物进行组合，使白萝卜或者芹菜成为诱集植物，最终根据集效果选择黄瓜与芹菜间作，形成黄瓜—芹菜—黄瓜种植模型。由同一农户操作农事，当芹菜为2~3片真叶时开始挂板计数。悬挂4张粘虫板，悬挂于合适的位置；每4d调查一次粘虫板上西花蓟马的诱集虫量，并更换粘虫板，调查统计粘虫板上正、反两面所诱集到西花蓟马的总数，分析花蓟马的种群数量。

（二）结果分析

黄瓜—芹菜—黄瓜中，芹菜作为诱集植物与黄瓜间作。如图2-3所示，在4月17日开始进行虫口数量的计数，此时芹菜为

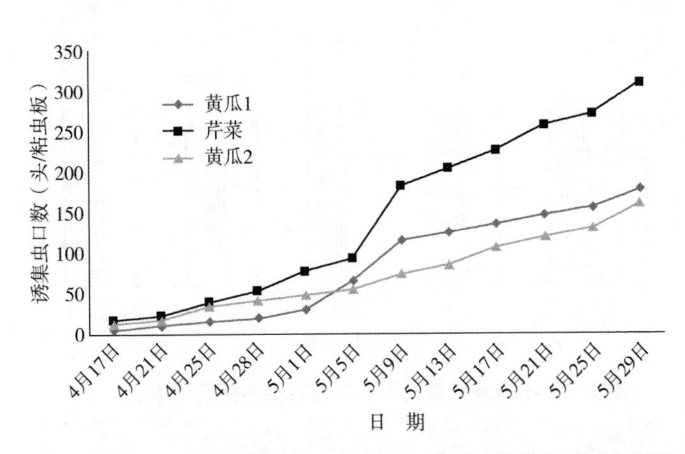

图2-3 黄瓜—芹菜—黄瓜间作体系对西花蓟马种群数量变化

2~3片真叶。从4月17日起，粘虫板上开始出现了西花蓟马。5月9日之前黄瓜与芹菜对于西花蓟马诱集数量并没有出现显著性差异，此时温室中西花蓟马的种群数量还较少。而在5月9日以后的调查中发现，芹菜对蓟马的诱集量明显高于黄瓜的诱集量，且具有显著性差异（$P<0.05$），芹菜对西花蓟马的诱集效果好于黄瓜。

第三章　叶类蔬菜主要病虫害物理防治

第一节　概　述

物理防治措施是指利用温、光、热等物理的方法，针对病虫害的生活习性和生长发育的关键制约因子，采取不利于病虫害发生和发育的因素，破坏其环境条件，干扰害虫行为，从而达到控制和防治病虫害的目的。

一、病害物理防治

预防和控制病害的常用物理措施及其应用技术见表3-1。

表3-1　预防和控制病害的物理措施及其应用技术

措　施	关键时期	技术要点	防治的病害
温汤浸种	种子播种前	播种前将种子在55℃温水中浸泡30min后播种	链格孢叶斑病、镰孢菌和细菌土传病害
高温闷棚	6—9月	（1）高温季节清除田间杂物及残株； （2）深翻土壤后全田灌水，保证田间湿润； （3）覆盖地膜及大棚膜，密闭棚室15~20d； （4）揭膜通气，施用微生物菌剂，正常栽培	土传及气传病害

二、虫害物理防治

预防和控制虫害的常用物理措施及其应用技术见表 3-2。

表 3-2　预防和控制虫害的物理措施及其应用技术

措　施	技术要点	防治的害虫种类	虫　态
灯光诱杀	高度：1.5m 左右； 开灯时间：傍晚到凌晨； 季节：夏季	夜蛾、黄曲条跳甲、金龟子等	成虫
性诱剂诱杀	在雄成虫羽化后	夜蛾、小菜蛾等	雄成虫
黄板诱杀	黄板颜色：黄色至橘黄色； 数量：1 块/m^2； 方向：东西向； 高度：蔬菜上方 10cm	有翅蚜虫、粉虱、潜叶蝇等	成虫
蓝板诱杀	颜色：蓝板诱集剂效果更好，海蓝色蓝板效果好于其他颜色板； 诱集剂：以柠檬草油最佳	蓟马	成虫
糖醋液	配比：糖∶醋∶酒∶水=2∶1∶0.5∶10； 高度：蔬菜上方 20cm； 更换频次：10~15d 更换一次	鳞翅目和鞘翅目害虫	成虫
诱　饵	常用诱饵：啤酒诱杀蛞蝓，炒香的玉米、大豆粉诱杀蛞蝓和蝼蛄等； 要求：凌晨及时捡出害虫，及时更换诱饵	蛞蝓、蝼蛄等	成虫
防虫网	设置时间：在作物定植前使用； 要求：严、网眼适合，对蓟马等使用密度大的防虫网	多种害虫	成虫

三、商品化产品和厂家

常用物理防治产品规格及其防治对象见表 3-3。

表 3-3　常用物理防治产品规格及其防治对象

产品名称	生产厂家	规　格	防治对象
黄　板	北京格瑞碧源科技有限公司	25cm×30cm	蚜虫、粉虱等
	北京格瑞碧源科技有限公司	30cm×40cm	蚜虫、粉虱等
	北京农生科技有限公司	25cm×30cm	蚜虫、粉虱等
	北京农生科技有限公司	30cm×40cm	蚜虫、粉虱等
黄板（可降解）	北京格瑞碧源科技有限公司	25cm×30cm	蚜虫、粉虱等
	北京格瑞碧源科技有限公司	30cm×40cm	蚜虫、粉虱等
	上海盛谷光电科技有限公司	25cm×30cm	蚜虫、粉虱等
	上海盛谷光电科技有限公司	30cm×40cm	蚜虫、粉虱等
蓝　板	北京格瑞碧源科技有限公司	25cm×30cm	蓟马等
	北京格瑞碧源科技有限公司	30cm×40cm	蓟马等
	北京农生科技有限公司	25cm×30cm	蓟马等
	北京农生科技有限公司	30cm×40cm	蓟马等
蓝板（可降解）	北京格瑞碧源科技有限公司	25cm×30cm	蓟马等
	北京格瑞碧源科技有限公司	30cm×40cm	蓟马等
防虫网	北京农生科技有限公司	50 目	小型害虫
	北京格瑞碧源科技有限公司	40 目	小型害虫
	北京格瑞碧源科技有限公司	50 目	小型害虫
太阳能杀虫灯	浙江隆皓农林科技有限公司	TDB-5011	趋光性害虫
	浙江隆皓农林科技有限公司	LH2017-A	趋光性害虫
蓟马性诱剂	北京格瑞碧源科技有限公司	毛细管型	蓟马
地　布	绿地遮阳有限公司	2×4/100g	防草、防病虫害
甜菜夜蛾性诱剂	河南省济源白云实业有限公司	KYB-2	甜菜夜蛾
棉铃虫性诱剂	北京格瑞碧源科技有限公司	橡胶塞型	棉铃虫
	河南省济源白云实业有限公司	KYB-2	棉铃虫
小菜蛾性诱剂	北京格瑞碧源科技有限公司	橡胶塞型	小菜蛾
	北京格瑞碧源科技有限公司	毛细管型	小菜蛾
	河南省济源白云实业有限公司	KYB-2	小菜蛾
斜纹夜蛾性诱剂	北京格瑞碧源科技有限公司	橡胶塞型	斜纹夜蛾
	北京格瑞碧源科技有限公司	毛细管型	斜纹夜蛾
	河南省济源白云实业有限公司	KYB-2	斜纹夜蛾

第二节　研究和成果

一、颜色对诱杀粉虱和蓟马的效果及其评价

（一）材料和方法

试验地点：试验在北京市怀柔区天安有机农场叶菜种植大棚10号棚（6.2m×1.5m×33m）内进行，中性土壤，栽培管理一致。

试验材料：供试色板为海蓝板（波长为438.2～506.6nm，由中国农业科学院蔬菜花卉研究所提供），黄板（由北京卓农科技开发有限公司生产），蓝板（由北京卓农科技开发有限公司生产）。

供试作物：芹菜（文图拉西芹）。

目标害虫：西花蓟马 *Frankliniella occidentalis*。

试验方法：试验在西花蓟马为害较为严重的芹菜大棚中进行。选择中国农业科学院蔬菜花卉研究所的海蓝色粘虫板和经常用于田间诱集的同样大小的黄色粘虫板、蓝色粘虫板进行诱集效果对比试验，共3个处理。每种颜色的粘虫板设置4次重复，共6个小区交替悬挂，每个小区悬挂2块粘虫板，距离植株顶端约10cm。分别调查统计不同颜色粘虫板上正、反两面所诱集到西花蓟马的总数，筛选出在该地对西花蓟马诱集能力最好的粘虫板。

（二）结果与分析

将生产中经常使用的两种的粘虫板和中国农业科学院蔬菜花卉研究所的海蓝板同时进行田间诱集试验，3种粘虫板上西花蓟马的诱集量随着天数的增加都在逐渐增加。由表3-4可知，1d后蓝板上诱集到的西花蓟马为54头，极显著高于其他两种颜色粘虫板诱集到的西花蓟马数量；5d蓝板上诱集到的西花蓟马为152头，海蓝板和普通黄板上诱集到的西花蓟马分别为101头和51头，蓝板的诱集数量约是普通黄板的3倍。总体来看，蓝色粘虫板对西花

蓟马的诱集能力显著高于其他两种颜色的粘虫板；黄色粘虫板和海蓝色粘虫板后期无显著性差异。即蓝色粘虫板对西花蓟马的诱集能力最佳，其次是海蓝色粘虫板，黄色粘虫板效果最差（表3-4）。

表3-4　不同颜色粘虫板对西花蓟马成虫的诱集效果

调查日期	使用时间	粘虫板颜色	每板诱集虫量±SE（头）	5%显著性	1%显著性
2019年3月16日	1d	黄板	19.00±1.68	c	C
		海蓝板	34.75±3.04	b	B
		蓝板	53.75±3.04	a	A
2019年3月17日	2d	黄板	28.75±2.59	c	C
		海蓝板	51.50±4.33	b	B
		蓝板	80.50±6.76	a	A
2019年3月18日	3d	黄板	33.75±5.41	c	B
		海蓝板	57.25±4.11	b	B
		蓝板	93.50±7.64	a	A
2019年3月20日	5d	黄板	51.25±8.52	b	B
		海蓝板	100.75±12.30	b	AB
		蓝板	152.00±22.61	a	A

注：同列不同字母表示差异显著（α=0.05）。

二、蓝板+性诱剂+食诱剂联合作用，抑制西花蓟马种群数量

为明确不同诱集物质和组合对西花蓟马的诱杀效果，于北京怀柔京承现代农业园有机蔬菜基地，利用西花蓟马对颜色、性激素和食物的趋性，选择蓝板、性诱剂和食诱剂3种诱集物质并设置3种不同组合，即蓝板、食诱剂+蓝板和性诱剂+蓝板，分别悬挂在西花蓟马发生程度不同的3个日光温室中，随机排列；调查和监测处理后4d、8d和12d不同诱集剂组合处理蓝板上诱集的西花蓟马

成虫数量。

（一）研究方法

2019 年 3 月 16 日在 3 个温室中分别悬挂不同组合蓝板（表 3-5）。从大棚门口的第四畦开始不同处理。每畦悬挂同一组合蓝板 2 张，并且不同处理组之间均有保护行。挂板顺序为蓝板、食诱剂+蓝板、性诱剂+蓝板，依次重复。不同组合均悬挂于作物上方 7~10cm 处，蓝板高度随作物的生长高度而调整。自悬挂诱虫板起每 4d 调查一次蓝板的诱虫数，每次均更换蓝板和诱集物质，且记录蓟马虫口累积量。调查时间为上午 7: 30—9: 30。

表 3-5　蓝板与食诱剂和性诱剂组合方式

组　合	粘虫板颜色	规格（cm）	组合设置方法
蓝　板	蓝色	40×25	无
食诱剂+蓝板	蓝色	40×25	使用小刀在蓝板中央划出 2~3cm 的十字切口，将缓释小瓶卡于切口中央
性诱剂+蓝板	蓝色	40×25	将性诱剂（毛细管）粘于蓝板正反两侧各 1 支

（二）结果与分析

调查结果显示，与单一蓝板相比，2 种诱集剂处理均提高了蓝板对西花蓟马的诱杀效果，且随时间推移不断增加。其中食诱剂+蓝板处理诱集效果明显好于性诱剂+蓝板处理和蓝板处理，为蓝板处理诱杀数量的 1. 74 倍（12d），二者差异显著（$P<0.05$）。3 个不同处理对西花蓟马诱杀效果由高到低为食诱剂+蓝板>性诱剂+蓝板>蓝板（表 3-6）。

诱杀 4d 和 8d 时，性诱剂+蓝板诱杀效果与其他 2 个处理诱杀效果无显著性差异，但高于蓝板诱杀效果。诱杀 12d 时，3 个处理诱杀效果差异显著（$P<0.05$）。食诱剂与蓝板组合相比

于蓝板，其诱集增加率保持在75.01%左右；而性诱剂与蓝板组合的诱集增加率保持在18.75%左右。说明食诱剂的诱集效果高于性诱剂。因此在西花蓟马防治中推荐使用食诱剂+蓝板的组合诱杀蓟马。

表3-6 不同组合处理对西花蓟马的诱集数量比较

不同处理组合	诱集虫量(头/蓝板)					
	4d后		8d后		12d后	
	诱集数量	诱集增加率	诱集数量	诱集增加率	诱集数量	诱集增加率
蓝板	(32.67±11.57)b	0.00%	(149.33±8.82)b	0.00%	(297.33±5.78)c	0.00%
食诱剂+蓝板	(61.67±3.84)a	88.74%	(242.33±8.41)a	62.28%	(517.33±5.90)a	74.00%
性诱剂+蓝板	(43.33±2.03)ab	32.63%	(160.00±17.06)b	7.15%	(346.33±13.30)b	16.48%

三、以啤酒为主要成分的蛞蝓诱杀剂配方和评价

蛞蝓，农户又称黏线虫、鼻涕虫，主要为害叶类蔬菜，如生菜、莴苣、白菜、芹菜等，对于蔬菜的幼苗、幼嫩叶片和嫩茎，将其食成孔洞或缺刻，同时排泄粪便、分泌黏液污染蔬菜，造成叶菜品质和产量的损失。蛞蝓繁殖快，有逐渐加重为害的趋势。是叶类蔬菜上比较令人头痛的有害生物。

（一）啤酒诱杀剂

啤酒是人们日常饮品，普及广，价格低，无毒无副作用，非常环保。用啤酒的气味诱捕并杀死蛞蝓，同样对环境和蔬菜没有任何不良影响，“土方法，大作用”，对某些叶类蔬菜蛞蝓的防效达到90%以上，实用性强，成本低，易于推广，是叶类蔬菜上蛞蝓的防治简单易行的偏方。

1. 试验处理

处理 A 为啤酒；处理 B 为 啤酒+醋+糖（配比为 3：2：1）；处理 C 为啤酒+芹菜。其中，啤酒为常规的瓶装酒，醋为瓶装的食用醋，糖为白砂糖，芹菜为打碎后的嫩菜心。截取可乐瓶下部，分别盛装以上液体。

2. 试验地点

试验地点在北京天安有机农场日光温室。

3. 试验对象

试验对象为普通生菜（不结球）上的蛞蝓。

4. 小区设置

试验设置 3 个处理，每个处理重复 3 次。在温室内 15m×9m 的生菜地（温室规格为 70 m ×10m）中，划分 9 个小区，每小区 3m×5m，小区处理随机排列。

5. 试验步骤

（1）待生菜种植后的 1 个月，安排以上试验设置。

（2）在每个小区的中间挖一个可以容纳可乐瓶的坑，将瓶子放进去，瓶子上部略低于地面。

（3）从 11 月 16 日开始，每 3d 调查一次，记录每个瓶中的蛞蝓数量，至 12 月 4 日结束。

（4）每 3d 分别更换新的液体。

6. 试验结果

啤酒诱杀剂对蛞蝓的诱杀效果如图 3-1 所示。

7. 结　论

3 个处理中，仅用啤酒的处理效果最好，在 11 月 22 日，引诱到的蛞蝓最多。

8. 分析与建议

试验过程中，为了维持生菜的长势，需要每周浇水 1～2 次，湿度增加，蛞蝓就会活跃，为害加重。到后期，生菜长高，部分

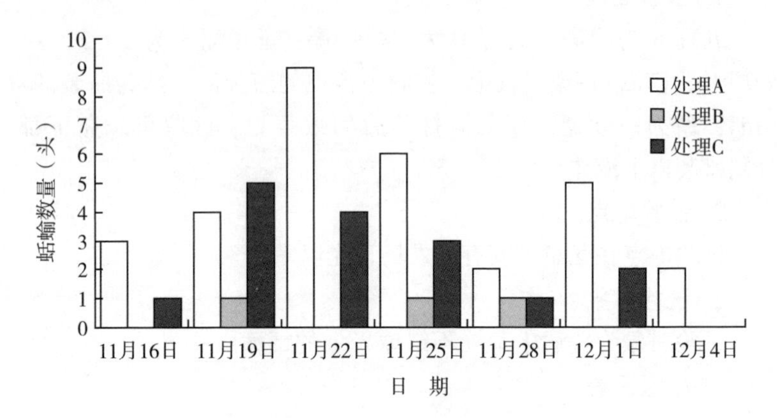

图 3-1 啤酒诱杀剂对蛞蝓的诱杀作用

叶片变老发黄，下部叶片腐烂，蛞蝓数量减少。试验初步发现啤酒对蛞蝓的诱杀效果较好，但是由于每个点中盛装的啤酒太少，不足以诱杀更多的蛞蝓。建议在温室通风口湿度最大的地方，设置啤酒诱杀区。

(二) 啤酒改良配方

为了验证芹菜对蛞蝓的引诱效果，对配方进行了重新改良，形成如下新的配方：处理 1 配置啤酒；处理 2 为啤酒和白醋、白砂糖混合液（质量比 3∶2∶1）；处理 3 为啤酒和芹菜汁混合液（质量比 1∶1）。每畦放置 3 个陷阱（间距 1.5m），每种诱饵设置 3 个重复，共 9 个陷阱随机排列，每隔 3d 调查一次，更换新的液体。调查结果表明，啤酒、糖醋液、菜汁对蛞蝓均有引诱效果，其中，总体来看啤酒的引诱效果最好，4 月 11 日啤酒和芹菜汁混合效果最好（图 3-2）。

四、新型生物诱杀剂对蛞蝓的诱杀效果评价

对蛞蝓的调查和研究是在怀柔天安农场，蛞蝓为害油菜、快

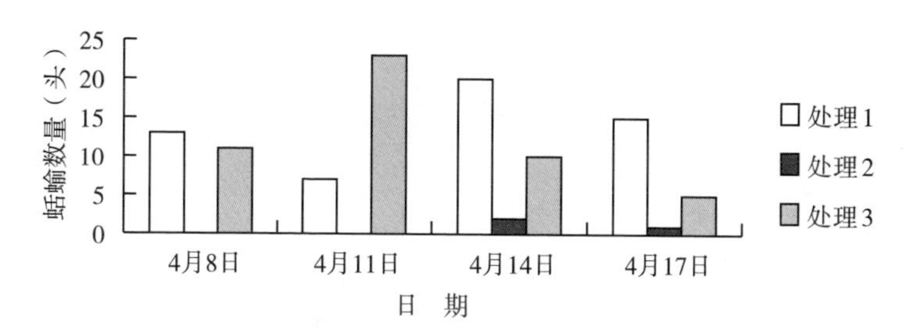

图 3-2　啤酒改良配方对蛞蝓的诱杀作用

菜和三宝白菜等，针对蛞蝓研究主要是两个方面，一是高平畦对蛞蝓的影响，二是毒饵试验。本研究为毒饵诱杀试验。

（一）新型引诱剂研制和试验

配制了龟粮、龟粮+酵母膏混合物（质量比 1∶1）、玉米粉、玉米粉+酵母膏混合物（质量比 1∶1）、酵母膏、玉米粉+龟粮混合物（质量比 1∶1）。每种诱饵质量均为 2.5g。将 15 头蛞蝓放入塑料盘中心，将诱饵放在周围，观察蛞蝓行动。试验结果如图 3-3 所示。由图 3-3 可以看出，在 6 种诱饵中，玉米粉+龟粮混合对蛞蝓的引诱效果最好。

（二）诱杀试验方法

1. 前期准备

市面上存在的四聚乙醛为颗粒状，硫酸铜为晶体物质，颗粒较大，取若干四聚乙醛和硫酸铜用研磨机分别将其研磨成粉末状备用。引诱剂采用前文中效果较好的玉米粉+龟粮。

2. 制作颗粒状毒饵

称取玉米粉 10g、龟粮 10g、白砂糖 5g 各 3 份，分别称取 1g 硫酸铜粉末、1g 茶皂素粉末，16.7g 四聚乙醛商品药（有效成分 6%）各 1 份。

硫酸铜毒饵制作方法：将硫酸铜与事先称量好的玉米粉、龟粮、白砂糖在纸杯中混合均匀，倒入少量啤酒轻轻用玻璃棒搅拌，

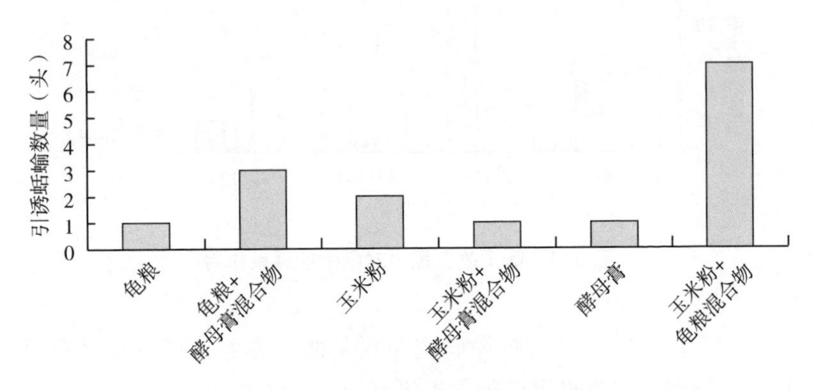

图 3-3　新型引诱剂对蛞蝓的引诱效果

直至固体粉末成黏稠状，使所有的固体粉末都能很好地融合在一起，杯壁无残留粉末，取少量在手中揉搓，最终制成有效成分为4%、直径 4~5mm 的小颗粒。

茶皂素毒饵与四聚乙醛毒饵制作方法同上。

3. 接种蛞蝓

将培养皿皿底用水打湿，每皿放单一毒饵颗粒 20 个，接种 6 头蛞蝓，每种毒饵做 3 个重复，将其置于 20℃黑暗条件下，在 6h、12h、24h、28h、30h 后统计死亡蛞蝓数量（图 3-4）。

(三) 试验结果

在前期试验中，选取了一种对蛞蝓诱集效果最好的诱饵配方，即玉米粉和龟粮混合物（质量比 1∶1）。硫酸铜和茶皂素对蛞蝓均有致死作用，以市面上已存在的商品药—四聚乙醛为对照，最终制作出一种可以杀死蛞蝓，使用方便的诱杀毒饵。

五、西花蓟马驱避剂研发和对种群影响的评价

(一) 试验方法

试验在西花蓟马为害较为严重的蔬菜大棚中进行。选用两种

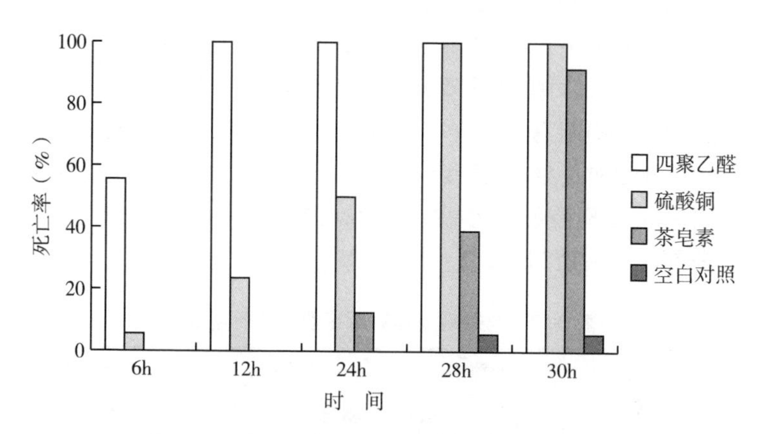

图 3-4　3 种毒饵对蛞蝓的诱杀作用

不同的驱避剂：竹醋液、印楝素，以不同的驱避剂数量进行试验。将事先准备好的两种驱避剂与研土搅拌混合，将混合均匀的驱避剂以每包 5g 的质量装入白色茶包中，并将白色茶包悬于黄瓜顶部，随作物生长调节高度。每两畦为一个处理，中间设有保护行。以竹醋液为驱避剂的试验有 3 个处理：处理 A，将白包以左 3 包、右 3 包的数量相同间隔挂在两畦中间；处理 B，将白包以左 2 包、右 1 包的数量挂在两畦中间；处理 C，将白包以左 1 包、右 1 包的数量挂在两畦中间。以竹醋液或印楝素为驱避剂的试验分别做相同处理。同时设置空白组作对照。共计 7 个处理。每个处理重复 3 次，并以合适方式悬挂粘虫板用以调查每个处理中西花蓟马种群数量的变化，连续监测 6d，筛选出合适的驱避剂以及使用方式。

$$驱避率(\%) = \frac{(对照组虫量 - 处理组虫量)}{(对照组虫量 + 处理组虫量)} \times 100$$

（二）结果与分析

将竹醋液和印楝素制备成驱避剂进行田间诱集试验，由表 3-7 可知，无论是何种驱避剂，它们的驱避效果总体均是从第一天监测起开始下降，到第六天监测这 6 种处理的驱避率均为负值。第一天的监测数据中，竹醋液处理 A 的驱避效果最好，达到了 46.88%；其次是竹醋液处理 B，驱避率也有 31.86%。这两种处理均与其他处理有显著性差异（$P<0.05$）。第四天起，所有处理的驱避率均低于 30%；并且第一天，第二天和第四天，均是竹醋液处理 A 与其他处理有显著性差异（$P<0.05$）。由此可以看出，最佳的驱避剂为竹醋液制剂。

表 3-7　驱避剂处理对西花蓟马的驱避效果

驱避剂类型	处理操作	监测 1d		监测 2d		监测 3d	
		驱避率	显著性	驱避率	显著性	驱避率	显著性
竹醋液	处理 A	46.88%	a	38.84%	a	34.47%	a
	处理 B	31.86%	b	27.07%	b	28.22%	ab
	处理 C	16.99%	c	19.48%	c	18.21%	b
印楝素	处理 A	20.92%	c	18.13%	c	21.81%	bc
	处理 B	16.93%	c	12.49%	d	10.33%	c
	处理 C	16.50%	c	-4.37%	e	7.63%	c

驱避剂类型	处理操作	监测 4d		监测 5d		监测 6d	
		驱避率	显著性	驱避率	显著性	驱避率	显著性
竹醋液	处理 A	29.07%	a	23.55%	a	-2.42%	a
	处理 B	19.38%	b	17.08%	ab	-4.03%	ab
	处理 C	18.03%	bc	12.08%	bc	-8.52%	abc
印楝素	处理 A	15.63%	bd	10.48%	bc	-11.57%	bc
	处理 B	12.57%	c	8.07%	cd	-15.90%	c
	处理 C	-0.53%	d	1.30%	d	-14.79%	c

注：同列不同字母表示差异显著性（$\alpha=0.05$）。

第四章　叶类蔬菜主要病虫害生物防治

第一节　概　述

一、病害生物防治

预防和控制病害的常用生物防治措施及其应用技术见表4-1。

表4-1　预防和控制病害的生物防治技术和应用

生防菌种类		防治病害种类	防治关键时期	技术要点
生防真菌	木霉菌	根腐病、立枯病、猝倒病、枯萎病、灰霉病、菌核病等	发病前或发病初期	（1）光照：日光诱导后，产孢效果较好； （2）湿度：木霉菌生命力在湿土中强于干土； （3）温度：产孢最适温度为25℃； （4）不能与含铜药剂及防治真菌药剂混用
	淡紫拟青霉菌	枯萎病、根结线虫病等	播种前或发病前	（1）可进行拌种，对种子消毒； （2）可处理苗床； （3）将菌剂拌入育苗基质内处理基质； （4）可施于种子或种苗根系附近； （5）用水稀释成菌液灌根使用

（续表）

生防菌种类		防治病害种类	防治关键时期	技术要点
生防细菌	芽孢杆菌	霜霉病、灰霉病、枯萎病、软腐病等	发病前或发病初期	（1）与化学药剂进行复配使用可达到较好的防治效果；（2）与其他微生物菌剂混用，能形成优势互补
	假单胞杆菌	枯萎病、病毒病、猝倒病、立枯病等	发病前或发病初期	（1）可进行种子处理；（2）可与杀虫剂、杀菌剂混用
生防放线菌	链霉菌	霜霉病、灰霉病、黑腐病等多种病害	发病前或发病初期	注意与不同机制杀菌剂轮换使用

二、虫害生物防治

预防和控制虫害的常用生物防治措施及其应用技术见表4-2。

表4-2　预防和控制虫害的生物防治技术和应用

天敌类型	天敌种类	虫害种类	防治关键时期
捕食性天敌昆虫	异色瓢虫	蚜虫、介壳虫、螨类、小菜蛾卵、粉虱等	害虫发生初期
	大草蛉	蚜虫、粉虱、叶螨、蓟马、介壳虫、斑潜蝇幼虫和叶蝉等	害虫发生初期
	中华草蛉	同大草蛉	同大草蛉
	东亚小花蝽	蓟马、蚜虫、小型鳞翅目幼虫等	害虫发生初期
	烟盲蝽	粉虱、蚜虫及小型鳞翅目幼虫等	害虫发生初期
	蠋蝽	棉铃虫、甜菜夜蛾、小菜蛾、菜粉蝶等鳞翅目害虫	害虫发生初期

（续表）

天敌类型	天敌种类	虫害种类	防治关键时期
捕食螨	巴氏新小绥螨	蓟马、二斑叶螨、朱砂叶螨、粉虱	害虫低密度时或作物定植后不久释放
	胡瓜新小绥螨	同巴氏新小绥螨	同巴氏新小绥螨
	加州新小绥螨	叶螨、蓟马、茶黄螨、粉虱	作物定植后
	剑毛帕厉螨	蕈蚊幼虫、蓟马、跳虫、腐食酪螨、线虫	新定植的作物；定植已经释放的作物
	津川钝绥螨	叶螨、粉虱、蓟马、跗线螨	害虫低密度时或作物定植后不久释放
	智利小植绥螨	二斑叶螨、朱砂叶螨	害虫发生初期
寄生性天敌	丽蚜小蜂	烟粉虱、白粉虱	当温室大棚中刚见到粉虱时或者作物定植1周后，开始释放丽蚜小蜂
	烟蚜茧蜂	桃蚜、萝卜蚜、甘蓝蚜、瓜蚜	害虫发生初期
	螟黄赤眼蜂	棉铃虫、甜菜夜蛾、菜粉蝶、小菜蛾等	害虫发生初期
	松毛虫赤眼蜂	同螟黄赤眼蜂	害虫发生初期

三、商品化产品和厂家

常用生物防治产品规格及其防治对象见表4-3。

表4-3 预防和控制病害的生物防治的产品和厂家

产品名称	生产厂家	规 格	防治对象
异色瓢虫	北京农生科技有限公司	每卡20卵	蚜虫
	河南省济源白云实业有限公司	每卡20卵	蚜虫

（续表）

产品名称	生产厂家	规 格	防治对象
巴氏新小绥螨	北京农生科技有限公司	每瓶 2.5 万头	红蜘蛛、蓟马
	福建艳璇生物防治技术有限公司	每瓶（袋）500 头	红蜘蛛、蓟马
	福建艳璇生物防治技术有限公司	每瓶（袋）2.5 万头	红蜘蛛、蓟马
	福建艳璇生物防治技术有限公司	每瓶（袋）5 万头	红蜘蛛、蓟马
	首伯农(北京)生物技术有限公司	每瓶（袋）1 500 头	红蜘蛛、蓟马
	首伯农(北京)生物技术有限公司	每瓶（袋）2.5 万头	红蜘蛛、蓟马
	首伯农(北京)生物技术有限公司	每瓶（袋）5 万头	红蜘蛛、蓟马
东亚小花蝽	北京阔野田园生物技术有限公司	每瓶 500 头	蓟马、蚜虫
	北京阔野田园生物技术有限公司	每瓶 1 000 头	蓟马、蚜虫
烟盲蝽	北京阔野田园生物技术有限公司	每瓶 500 头	白粉虱、烟粉虱、蚜虫
	北京阔野田园生物技术有限公司	每瓶 1 000 头	白粉虱、烟粉虱、蚜虫
胡瓜新小绥螨	福建艳璇生物防治技术有限公司	每瓶（袋）500 头	红蜘蛛、蓟马
	福建艳璇生物防治技术有限公司	每瓶（袋）2.5 万头	红蜘蛛、蓟马
	福建艳璇生物防治技术有限公司	每瓶（袋）5 万头	红蜘蛛、蓟马
加州新小绥螨	福建艳璇生物防治技术有限公司	每瓶（袋）500 头	红蜘蛛、蓟马
	福建艳璇生物防治技术有限公司	每瓶（袋）2.5 万头	红蜘蛛、蓟马
	北京农生科技有限公司	每瓶 2.5 万头	红蜘蛛、蓟马
	首伯农(北京)生物技术有限公司	每瓶 1 500 头	红蜘蛛、蓟马
	首伯农(北京)生物技术有限公司	每瓶 2.5 万头	红蜘蛛、蓟马
	首伯农(北京)生物技术有限公司	每瓶 5 万头	红蜘蛛、蓟马
剑毛帕厉螨	首伯农(北京)生物技术有限公司	每瓶（袋）1 万头	蓟马
津川钝绥螨	首伯农(北京)生物技术有限公司	每瓶 1 500 头	红蜘蛛、白粉虱、烟粉虱
	首伯农(北京)生物技术有限公司	每瓶 2.5 万头	红蜘蛛、白粉虱、烟粉虱
	首伯农(北京)生物技术有限公司	每瓶 5 万头	红蜘蛛、白粉虱、烟粉虱
丽蚜小蜂	北京农生科技有限公司	每卡 200 卵	白粉虱、烟粉虱
	衡水沃蜂生物科技有限公司	每卡 200 卵	白粉虱、烟粉虱

（续表）

产品名称	生产厂家	规 格	防治对象
螟黄赤眼蜂	北京农生科技有限公司	每卡 3 000 头	菜青虫、烟青虫
	河南省济源白云实业有限公司	每卡 3 000 头	菜青虫、烟青虫
松毛虫赤眼蜂	北京益环天敌农业技术有限公司	每袋 10 000 头	玉米螟、棉铃虫
智利小植绥螨	福建艳璇生物防治技术有限公司	每瓶 3 000 头	红蜘蛛
	首伯农(北京)生物技术有限公司	每瓶 1 000 头	红蜘蛛
	首伯农(北京)生物技术有限公司	每瓶 2 000 头	红蜘蛛
	首伯农(北京)生物技术有限公司	每瓶 3 000 头	红蜘蛛

第二节 研究和成果

一、北京地区露地蔬菜上主要天敌种类和比例

2019 年在北京顺义蔬菜基地，分别在夏季和秋季调查了多种蔬菜上的主要天敌的种类和数量，通过一年的调查，调查结果如图 4-1 和图 4-2 所示。夏季主要的天敌为东亚小花蝽，占天敌总量的 72%；其次是瓢虫（以异色瓢虫、龟纹瓢虫为主），占天敌总量的 21%，夏季天敌的优势种比较明显；蜘蛛占天敌总量的 4%（图 4-1）。秋季天敌的主要种类有东亚小花蝽、瓢虫、蜘蛛和其他天敌，东亚小花蝽的数量仍然最多，占 43%，也是秋季天敌的优势种群，但优势度降低；瓢虫（以龟纹瓢虫为主）占 27%，蜘蛛占 10%，都承担了一些害虫的控制工作（图 4-2）。

二、大棚生菜根蛆新天敌——剑毛帕厉螨

近年来，在北京多个区县生菜基地发现韭菜迟眼蕈蚊（*Bradysia odoriphaga*）幼虫（根蛆）为害日益严重，咬食生菜根茎，造成生菜严重减产，更有甚者，造成生菜缺苗断垄，生菜生产损失严重。

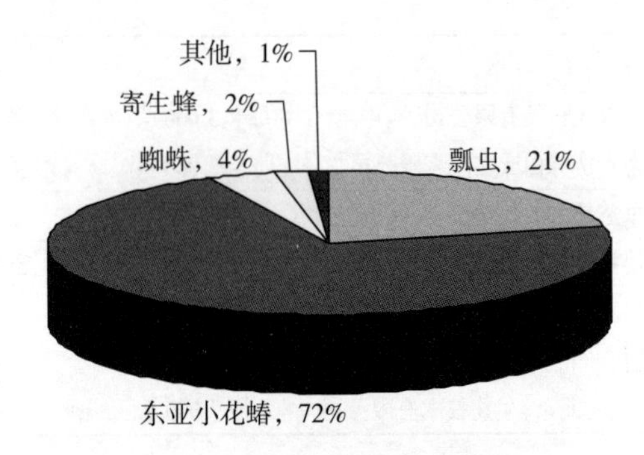

图 4-1　蔬菜基地夏季天敌种类和比例分布

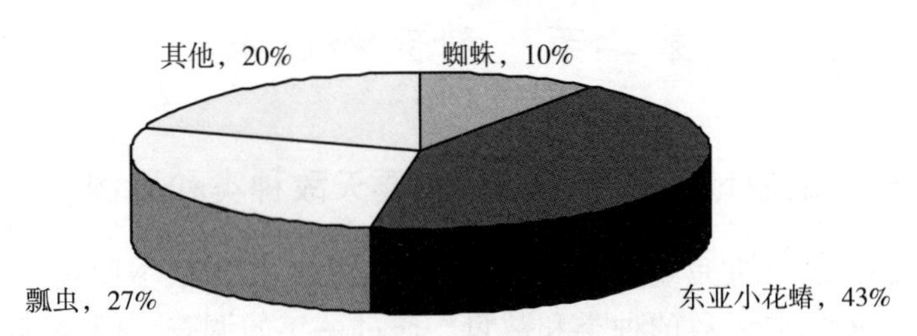

图 4-2　蔬菜基地秋季天敌种类和比例分布

目前很多对韭菜迟眼蕈蚊的防治方法多是针对葱蒜类蔬菜上的韭菜迟眼蕈蚊，对生菜上韭菜迟眼蕈蚊的研究很少。且目前生产上主要采用化学农药灌根防治韭菜迟眼蕈蚊，而生菜生长周期短，且常用于生吃，因此对农药残留问题更应严格要求，因而应加强生物防治技术的研究。

目前，尚未有利用天敌昆虫防治大棚生菜上的迟眼蕈蚊的报道。本试验通过往大棚生菜土壤表面撒放剑毛帕厉螨来防治生菜根部的迟眼蕈蚊幼虫（根蛆），试验剑毛帕厉螨对大棚生菜根蛆的防治效果，为生菜根蛆的绿色防控措施提供产品和技术的依据。

（一）试验材料

剑毛帕厉螨：首伯农（北京）生物技术有限公司生产。瓶装，每瓶含剑毛帕厉螨（包括全螨态，成螨占80%以上）1万头。

诱虫黄板：北京中捷四方生物科技股份有限公司生产。

（二）试验方法

试验在同一大棚（长40.7m，宽6.20m）内进行，设置4个处理，每个处理3个重复，随机区组排列，每个小区长5.7m，宽2m。

处理A：每个小区释放1瓶（877头/m^2）；

处理B：每个小区释放4瓶（3 508头/m^2）；

处理C：每个小区释放7瓶（6 139头/m^2）；

CK：不释放捕食螨的空白对照。

大棚靠门一侧和远离门一侧，都释放4瓶剑毛帕厉螨，做保护隔离区。

分别于7月12日、7月26日、8月9日释放剑毛帕厉螨。释放剑毛帕厉螨时，把瓶装的捕食螨均匀地撒放在生菜根部周围，撒放后的捕食螨包装瓶和瓶盖也放在生菜根部，调查时取回（以保证瓶和瓶盖上的捕食螨自行爬入土中寻找根蛆）。每个小区地块中间挂放一张诱虫黄板，黄板底边高于生菜顶部2cm左右。7月5日开始挂放诱虫黄板，每7d调查一次，记录迟眼蕈蚊成虫的数量，至9月6日结束调查。

（三）结果与分析——剑毛帕厉螨对于大棚生菜迟眼蕈蚊幼虫的防效

释放剑毛帕厉螨处理的迟眼蕈蚊成虫的数量小于未释放处理的，其中每平方米释放6 139头捕食螨处理，迟眼蕈蚊成虫量明显少于对照和其他捕食螨释放量处理。在7月12日至9月6日（图4-3），迟眼蕈蚊成虫数量有1个小高峰（高峰点在7月19日）和2个大高峰（高峰点分别是8月9日和8月23日）。

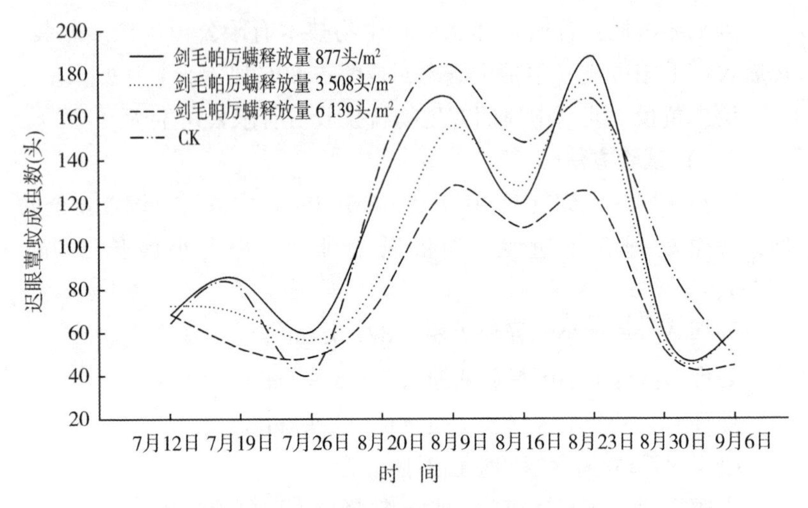

图 4-3 迟眼蕈蚊成虫种群动态

在 7 月 12 日、7 月 26 日和 8 月 9 日各释放一次（即每 2 周释放一次），共释放 3 次后，剑毛帕厉螨不同释放量的防治效果，每平方米 6 139 头释放量，除了 7 月 26 日（第一次释放后 14d）外，对迟眼蕈蚊都有很好的防治效果，在 8 月 2 日（捕食螨二次释放后），防治效果达到了 48. 9%，且有长效性，在 8 月 30 日（距 8 月 9 日最后一次释放后的 21d），达到了最大防治效果 49. 0%（表 4-4）。

表 4-4 剑毛帕厉螨不同释放量防治大棚生菜迟眼蕈蚊幼虫（根蛆）的防效

日 期	不同剑毛帕厉螨释放量对迟眼蕈蚊的防效		
	877 头/m²	3 508 头/m²	6 139 头/m²
7 月 19 日	1. 2%	24. 4%	38. 8%
7 月 26 日	−41. 2%	−24. 4%	−12. 9%
8 月 2 日	13. 9%	44. 1%	48. 9%

（续表）

日　期	不同剑毛帕厉螨释放量对迟眼蕈蚊的防效		
	877 头/m²	3 508 头/m²	6 139 头/m²
8 月 9 日	14.1%	24.6%	34.5%
8 月 16 日	23.7%	23.1%	31.3%
8 月 23 日	-5.3%	6.9%	30.5%
8 月 30 日	41.2%	48.1%	49.0%
9 月 6 日	-17.6%	-11.1%	13.7%

剑毛帕厉螨每平米 6 139 头释放量，对迟眼蕈蚊的防治效果要好于每平方米 3 509 头和 877 头释放量，即剑毛帕厉螨释放量越大，对迟眼蕈蚊幼虫（根蛆）的防治效果越好。建议剑毛帕厉螨的释放量为每平方米 6 139 头。

三、巴氏新小绥螨是西花蓟马的重要天敌

西花蓟马（*Frankliniella occidentalis* Pergande）是一种世界性害虫，我国 2003 年在北京昌平的辣椒上首次发现，以后在北京多个郊区县、云南等地发现。西方花蓟马为害多种蔬菜，且由于其生活周期短、繁殖速度快、寄主植物广、适应性强等特点，对农药易产生抗性。目前，西花蓟马对所有用来防治它的化学农药均产生了不同程度的抗性。因此，释放天敌的生物防治手段成为西方花蓟马治理中的重要措施。

巴氏新小绥螨（*Neoseiulus barkeri* Hughes，1948）属于广食性捕食螨类，其天然食物有叶螨、花粉、粉螨和蓟马等。因其发育历期短、死亡率低、产卵率高、扩散力强等优点而被认为是最好的生物防治作用物之一，已成为世界上应用较多的控制蓟马和叶螨的有效天敌产品之一。

（一）试验材料与方法

西花蓟马：北京市门头沟永定镇，北京市农业标准化生产示

范基地碧琨种植中心的温室内自然产生。

捕食螨：巴氏新小绥螨，来自广东潮州碧海行动计划农业科技有限公司。

1. 试验方法

小区设置：在 2 个茄子大棚内，各设置 12 个小区，每小区约 6m^2。小区间相隔 1 畦。处理 A，按 200 头/m^2 释放捕食螨，重复 12 次；处理 B，按 100 头/m^2 释放捕食螨，重复 4 次；CK（对照）随机排列，重复 8 次。

2. 释放捕食螨日期和数量

5 月 12 日，根据小区处理，共释放 13 万头，释放时把各处理的捕食螨连同麦麸均匀撒在各处理植株的叶片上。

3. 数据调查

各处理小区分别定点选择 3 株，每株植株选择上中下各 1 个叶片，分别调查西花蓟马的成虫与幼虫数。5 月 12 日释放捕食螨前，先调查基数，5 月 14 日、15 日连续调查 2 次，以后每 7d 调查一次，直至 7 月 9 日结束。

（二）结果与分析

释放巴氏新小绥螨后，对温室大棚茄子上的西花蓟马的种群具有一定的压制作用，从 6 月 11 日的统计数据显示，释放 200 头/m^2 巴氏新小绥螨，茄子上的西花蓟马数量明显地少于对照，如表 4-5 所示（$F=3.578$，$P<0.05$）。从图 4-4 也可以看出，释放 200 头/m^2 巴氏新小绥螨对西花蓟马种群有一定的压制作用，从 5 月 21 日往后，西花蓟马数量的增长受到一定的限制，尤其是处理 A 在 5 月 21 日至 6 月 4 日期间，曲线保持平坦，可以反映出西花蓟马的数量被压制。西花蓟马整体种群的波动，可能是与其本身的种群动态有关（卵期的卵未调查），另外，也与其自然天敌对其的控制作用有关。

表 4-5　释放巴氏新小绥螨对西花蓟马数量的影响

时　间	西花蓟马数量统计(头)		
	处理 A	处理 B	CK
5 月 12 日	(18.58±5.99)a	(16.00±4.90)a	(7.25±1.83)a
5 月 14 日	(25.67±8.54)a	(25.75±10.18)a	(14.38±5.17)a
5 月 15 日	(29.08±8.84)a	(25.25±11.53)a	(11.75±3.17)a
5 月 21 日	(95.50±31.64)a	(46.00±7.65)a	(33.25±10.36)a
5 月 27 日	(104.75±21.51)a	(109.00±48.91)a	(81.63±19.01)a
6 月 4 日	(104.50±19.31)a	(119.50±15.84)a	(145.50±20.97)a
6 月 11 日	(56.25±7.20)a	(82.67±12.13)ab	(121.50±18.12)b
6 月 18 日	(15.75±4.80)a	(24.08±2.51)a	(26.25±4.56)a
6 月 26 日	(19.67±3.63)a	(21.25±7.64)a	(20.38±5.86)a
7 月 2 日	(58.25±16.64)a	(70.08±13.09)a	(70.38±16.64)a
7 月 9 日	(18.50±3.57)a	(26.50±4.41)a	(29.00±7.37)a

注：平均值［平均数±标准误（mean±SE）］后不同的小写英文字母表示捕食螨在各处理间西花蓟马数量差异显著（Duncan 测验）。

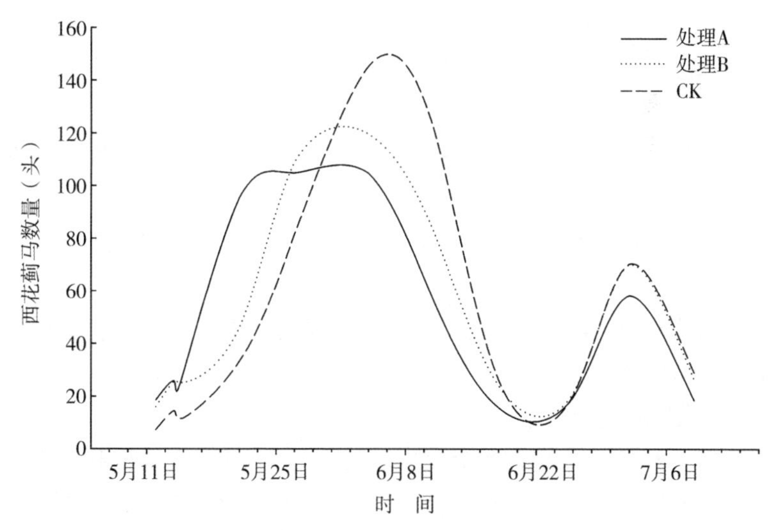

图 4-4　释放巴氏新小绥螨后西花蓟马的种群变化趋势

四、智利小植绥螨可持续抑制二斑叶螨种群

二斑叶螨（*Tetranychus urticae*）是蔬菜的主要害虫。周年都可发生，虫体小，发生繁殖较快，一般聚集于叶背上吸取汁液为害，虫口密度大时，植株受害严重，叶片正面边沿发红呈锈色，植株生长减慢，长势弱，直至矮缩枯死。

目前，施用化学农药是控制二斑叶螨最常见的防治方法。然而，由于长期不合理地施用农药，使得二斑叶螨对多种杀虫、杀螨剂产生了高度抗药性,。同时，消费者对蔬菜农药残留问题越来越关注，要求生产者更多关注其的综合防治。

智利小植绥螨（*Phytoseiulus persimilis*）是典型的叶螨专性捕食者，对二斑叶螨有很好的抑制作用。为了明确智利小植绥螨对设施栽培中二斑叶螨的控制作用开展了本试验。同时，以目前最有效且常用的杀螨剂——联苯肼酯作为对照。

（一）材料与方法

1. 试验材料

草莓：红颜，昌平天翼草莓园温室内育苗，于 2013 年 8 月 27 日定植。

二斑叶螨：北京市昌平区天翼草莓园基地温室内自然发生，寄主植物为草莓。

智利小植绥螨：采购于首伯农（北京）生物技术有限公司。瓶装，每瓶 3 000 头。

联苯肼酯：43%悬浮剂，江苏农垦农药有限公司销售，美国科聚亚公司生产。

2. 试验小区处理设置

（1）释放捕食螨共 3 个处理。处理 A1：每行释放智利小植绥螨 6 000 头；处理 A2：每行释放智利小植绥螨 3 000 头；处理 A3：每行释放智利小植绥螨 1 500 头。

（2）处理 B：化学防治，喷洒联苯肼酯 1 500 倍液。

（3）对照处理（CK）：不释放捕食螨也不使用农药。

每个处理重复 3 次，5 个处理共 15 个小区。各小区处理随机排列。

3. 试验步骤

释放捕食螨：2014 年 4 月 4 日，释放捕食螨 1 次，释放时把捕食螨连同介质蛭石均匀撒在被处理植株的叶片上。根据各小区处理每次需要 52.5 瓶，共 15.75 万头智利小植绥螨。

化学防治处理：于 2014 年 4 月 4 日喷联苯肼酯 1 次，剂量为 10mL 稀释 1 500 倍。

4. 数据调查

采取五点取样法。每小区随机调查 5 株草莓植株，每株上中下各取 1 片叶片，调查二斑叶螨虫口基数。每隔 7d 调查一次，每次调查仍为每株上中下各取 1 片叶片。将草莓叶片采集到密封袋中，每片叶片单独放，然后带回实验室，在体视镜下观察记录每片叶片上二斑叶螨的数量，计算虫口减退率和防效。

（二）结果与分析

智利小植绥螨大大降低了二斑叶螨种群数量（图 4-5）。释放智利小植绥螨的 3 个处理中二斑叶螨的种群数量下降十分明显，从最初的 2 000 多头下降到接近于 0 头。就 3 个处理而言，处理 A1（即每行释放 6 000 头智利小植绥螨）的下降幅度最大，其次是处理 A2（即每行释放 3 000 头智利小植绥螨），最后是处理 A3（即每行释放 1 500 头智利小植绥螨）。

从防治效果分析，喷洒联苯肼酯的化学防治处理，二斑叶螨种群的最高虫口减退率为 52.11%，最高防效为 61.89%。释放捕食螨的 3 个处理（A1、A2、A3）最高虫口减退率和最高防效分别为 89.58%和 91.71%，三者间防效由高到低依次为：处理 A1>处理 A2>处理 A3。所有处理的虫口减退率均显著高于对照（表 4-6）。

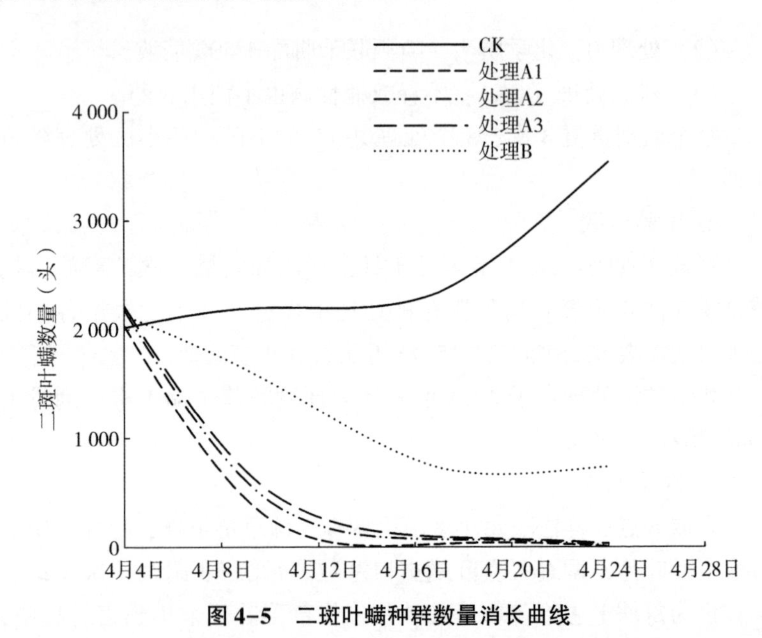

图 4-5　二斑叶螨种群数量消长曲线

表 4-6　智利小植绥螨对二斑叶螨的虫口减退率和防治效果

（单位:%）

处理	4 月 10 日		4 月 17 日		4 月 24 日	
	虫口减退率	防效	虫口减退率	防效	虫口减退率	防效
A1	87.43	90.03	89.58	91.71	80.01	83.35
A2	80.94	84.89	83.33	86.73	76.92	80.78
A3	77.16	81.89	82.10	85.76	64.70	70.60
B	29.00	43.71	52.11	61.89	−1.47	15.46
CK	−26.13*		−25.66*		−20.07*	

注：*代表经 t 测验，对照区与处理区差异显著。

五、释放巴氏新小绥螨可以替代化学农药控制烟粉虱

烟粉虱（*Bemisia tabaci* Gennnadius）是一种世界性重大害虫，

因其为害的严重而被称为“超级害虫”。烟粉虱除直接刺吸植物汁液造成植株衰弱和干枯，还可分泌蜜露污染寄主诱发煤污病等间接危害，此外，还可传播多种植物病毒（Hunter 和 Poston，2001）。对烟粉虱的防控人们一直采用以化学防治为主的防控措施，由于化学农药长期大量的不合理使用，导致烟粉虱抗药性日益增强，陷入抗药性猖獗和化学农药增量的恶性循环，对环境造成污染，同时对农产品质量安全产生不利影响。

（一）试验材料与方法

1. 试验材料

烟粉虱：温室内自然产生。

捕食螨：巴氏新小绥螨，瓶装，每瓶 10 000 头。来自首伯农（北京）生物技术有限公司。

番茄：传奇，2017 年 11 月 15 日定植，2018 年 5 月 10 日拉秧。

化学农药：阿维 · 高氯烟剂 2.4%，江苏东宝农化股份有限公司生产；异丙威烟剂（20%异丙威），北京金泰亨科技发展有限公司。

2. 试验方法

小区设置：2 个温室大棚（每个大棚约 600m^2），1 个为处理温室大棚（释放捕食螨），另一个为对照（常规处理），各设置 3 个重复小区，每小区约 200m^2。

释放捕食螨日期和数量：2017 年 12 月 3 日至 2018 年 5 月 9 日，处理温室大棚，每小区（重复）释放 10 瓶捕食螨（25 万头），12 月 3 日开始释放，每两周释放一次，共释放 5 次，3 个小区共释放 30 瓶（75 万头），释放时把捕食螨连同麦麸均匀撒在植株的叶片上。

数据调查：在处理温室大棚内，每个小区（重复）内定点选择 5 株植物，将每棵植株人为划分为上中下三部分，每个部位调查 3 片叶子上的粉虱数量，每 7d 调查一次，从 2017 年 12 月 3 日开始调查，直至 2018 年 5 月 9 日结束。

对照（常规处理）大棚，按照常规方法施药，并记录施药时间、用药种类和用药量。根据烟粉虱的发生情况，2018 年 3 月 11 日，施用 20 袋（50g/袋）阿维·高氯烟剂 2.4%；4 月 10 日，施用 20 袋（50g/袋）异丙威烟剂（20%异丙威）。

（二）结果与分析

释放巴氏新小绥螨可控制烟粉虱种群数量。释放巴氏新小绥螨后，对温室大棚番茄上的烟粉虱的种群具有明显的压制作用。喷施化学农药虽然可以快速减低烟粉虱的种群密度，但只是暂时压低，且保持低密度的时间很短，而后迅速反弹到原来的增长趋势。释放捕食螨处理的烟粉虱数量也在增大，但明显低于常规对照处理的增长速度（图 4-6）。

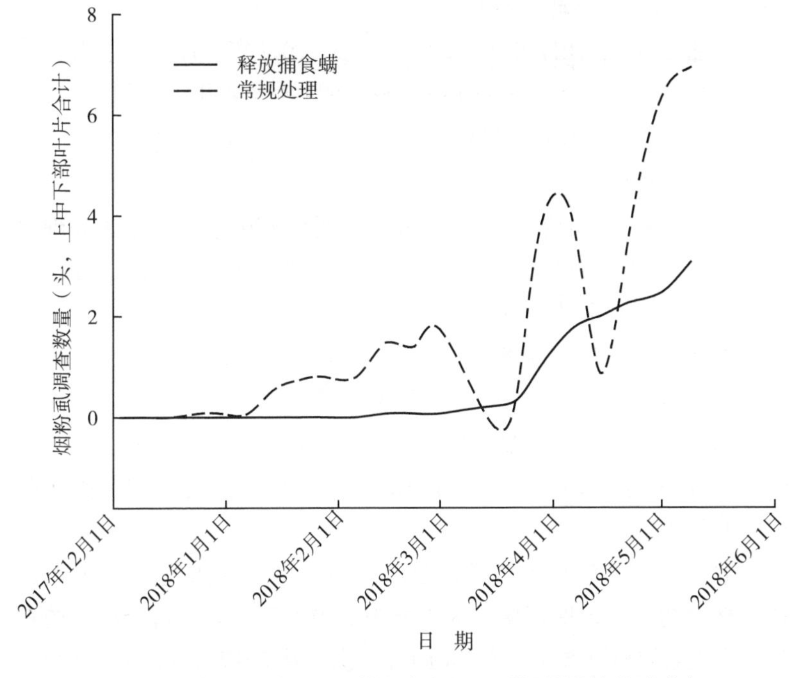

图 4-6 释放巴氏新小绥螨和常规处理后烟粉虱的种群动态

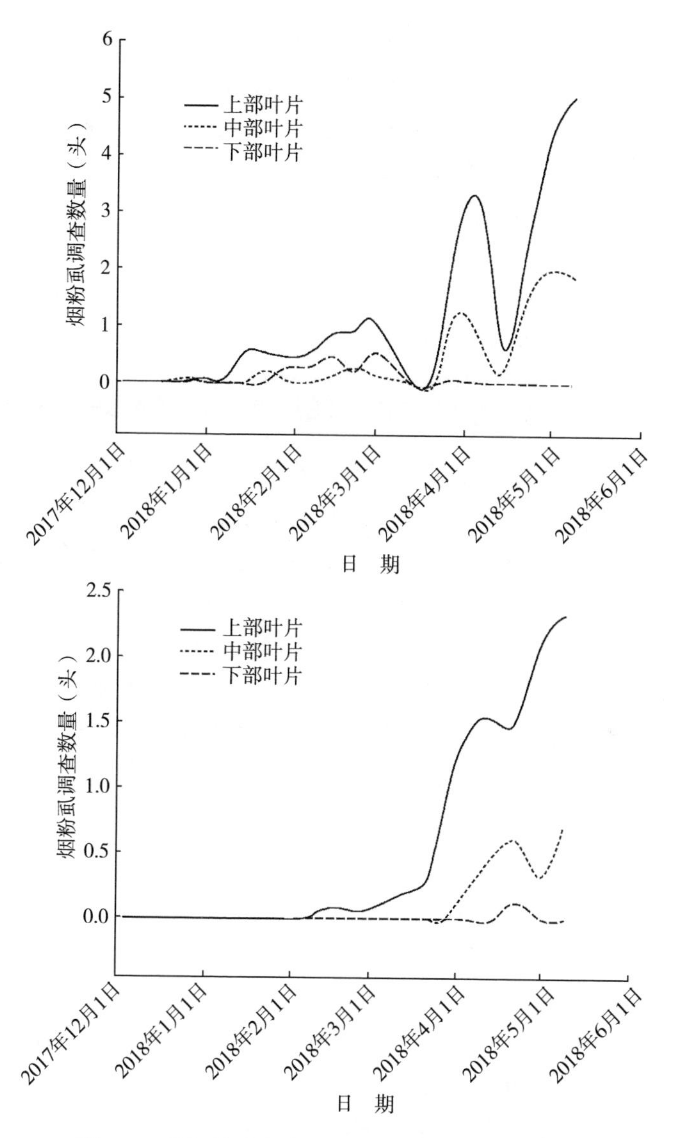

图 4-7　常规处理（上）和释放捕食螨（下）粉虱在不同部位（上中下叶片）的分布状况

从图 4-7 中可以看出，温室大棚番茄上自然产生的烟粉虱种群数量，在释放捕食螨和常规对照处理间的总体趋势相同。在常规对照处理，除了初期烟粉虱数量少，及两次使用化学农药期间，上中下三部分叶片没有显著差异，当烟粉虱数量升高时，都是上部叶片的烟粉虱数量最多，显著地高于中部叶片和下部叶片；释放捕食螨处理的，只是初期烟粉虱数量少，上中下三部分叶片没有显著差异，当烟粉虱数量升高时，都是上部叶片的烟粉虱数量最多，显著地高于中部叶片和下部叶片。

六、巴氏新小绥螨、剑毛帕厉螨与白僵菌联防葱蓟马

近年来，蓟马在我国北方设施栽培作物上发生严重。随着杀虫剂的抗药性问题日益严重，生物防治成为解决这一问题的重要措施。本试验研究了释放捕食螨（巴氏新小绥螨和剑毛帕厉螨）和白僵菌对温室大棚韭菜上葱蓟马种群的控制作用。

本试验在北京怀柔天安有机基地温室大棚内韭菜上应用巴氏新小绥螨、剑毛帕厉螨和白僵菌。巴氏新小绥螨主要捕食蓟马地上虫态——卵和初孵若虫，剑毛帕厉螨捕食蓟马土壤中虫态——蓟马蛹，白僵菌主要杀灭蓟马的成虫，捕食螨和白僵菌两者结合防治蓟马的全虫态。本试验初步研究了应用捕食螨（巴氏新小绥螨、剑毛帕厉螨）、白僵菌，以及捕食螨+白僵菌联合使用对温室大棚韭菜上葱蓟马的防治效果。

（一）材料与方法

1. 试验材料

韭菜：品种为久星 18，北京怀柔天安有机基地温室内育苗，于 2018 年 6 月定植。

捕食螨：巴氏新小绥螨，剑毛帕厉螨，瓶装，每瓶 2 万头，来自首伯农（北京）生物技术有限公司。

白僵菌：球孢白僵菌（地上喷施），袋装，每袋 100g，来自河

北中保绿农作物科技有限公司；球孢白僵菌（地下撒施），袋装，每袋5 000g，来自陕西广仁生物科技有限公司。

2. 试验方法

（1）小区处理设置：小区划分和试验方法：共设4个处理。处理A：捕食螨处理（巴氏新小绥螨+剑毛帕厉螨）；处理B：白僵菌（地上喷施+地下撒施）；处理C：捕食螨+白僵菌；处理D：空白对照（CK）。每个处理重复3次，即12个小区，每个小区11行。小区随机排列。

（2）捕食螨释放量：每行韭菜释放巴氏新小绥螨（韭菜叶片撒施）和剑毛帕厉螨（韭菜根部土壤撒施）各1瓶（2万头）。

（3）白僵菌使用量：韭菜叶片按每亩（1亩≈667m^2，余同）200g喷施，韭菜根部土壤撒施，按每亩5 000g撒施。

（4）每小区随机调查5株韭菜，每株韭菜采集1片叶片，拿回实验室统计蓟马数量，调查蓟马虫口基数。2019年6月25日调查基数后，撒放捕食螨和撒（或喷施）白僵菌。捕食螨撒放3次，隔14d撒放一次。韭菜根部撒放白僵菌2次，韭菜叶片喷施3次。

（5）数据调查：调查数据，各小区采集的韭菜放入密封袋。每14d采样一次。对采集的韭菜，在体视镜下观察记录韭菜上蓟马的数量，计算虫口减退率和防治效果。

（二）结果与分析

本试验结果表明，释放捕食螨和白僵菌对韭菜大棚内葱蓟马种群有明显防治效果，最高防效在87%以上，说明捕食螨和白僵菌联合应用具有协同增效作用。本试验的3个处理的虫口减退率都在85%以上，而此时对照的虫口减退率仅为70%左右，因此，利用捕食螨和白僵菌可以有效地防治韭菜上的葱蓟马，具体表现如下。

（1）捕食螨与白僵菌的各处理中蓟马种群数量的变化见表4-7，释放捕食螨和白僵菌的下降幅度最大，其次是释放白僵菌，再次是释放巴氏新小绥螨和剑毛帕厉螨。

表 4-7　释放捕食螨和白僵菌对韭菜上蓟马数量的影响

（单位：头）

日　期	不同处理的蓟马调查数量			
	捕食螨	白僵菌	捕食螨+白僵菌	对照
2019 年 6 月 26 日	(5.0±2.3)a	(5.1±2.6)a	(5.2±2.0)a	(3.1±1.2)a
2019 年 7 月 9 日	(2.0±0.0)a	(1.8±1.1)a	(1.0±0.3)a	(1.4±1.0)a
2019 年 7 月 24 日	(1.2±1.1)a	(1.4±0.2)a	(0.8±0.6)a	(1.3±0.2)a
2019 年 8 月 6 日	(0.7±0.2)a	(0.7±0.4)a	(0.7±0.5)a	(0.9±0.5)a
2019 年 8 月 20 日	(0.5±0.1)a	(0.3±0.2)a	(0.2±0.2)a	(0.7±0.2)a
2019 年 9 月 3 日	(0.4±0.1)ab	(0.2±0.1)ab	(0.1±0.1)a	(0.6±0.2)b

注：平均值［平均数±标准误（mean±SE）］后同一行的不同小写字母表示在各种处理间蓟马数量差异显著（Duncan 测验）。

（2）释放捕食螨和球孢白僵菌后，韭菜上蓟马种群的虫口减退率及防治效果如表 4-8 所示。释放捕食螨处理后的蓟马种群最高虫口减退率和最高防效分别为 85.4%和 58.53%。释放球孢白僵菌处理后的蓟马种群最高虫口减退率和最高防效分别为 94.7%和 79.73%，3 种处理防效由高到低依次为：捕食螨+白僵菌>白僵菌>捕食螨，所有处理的虫口减退率在总体上要高于对照组，尤其在最后几次的调查中，随着捕食螨在田间的定殖，种群数量的不断增加，释放捕食螨处理的虫口减退率要高于对照组。

第三节　保持和提高天敌持续效应的应用指南

一、异色瓢虫

（一）释放幼虫

异色瓢虫幼虫应直接撒在作物上，按瓢虫：害虫=1：(30~

表 4-8 不同处理方法对蓟马的防治效果

处 理	7月9日		7月24日		8月6日		8月20日		9月3日	
	虫口减退率（%）	防效（%）	虫口减退率（%）	防效（%）	虫口减退率（%）	防效（%）	虫口减退率（%）	防效（%）	虫口减退率（%）	防效（%）
捕食螨	(72.87±13.92)a	13.6	(79.17±18.97)a	43	(70.73±15.77)a	51.17	(84.20±7.13)ab	56.36	(85.40±7.65)a	58.53
白僵菌	(67.97±4.90)a	24.8	(48.23±24.93)a	33.6	(85.67±11.46)a	52.17	(94.70±4.34)ab	75.49	(86.00±13.01)a	79.73
捕食螨+白僵菌	(72.60±11.99)a	58.5	(89.67±8.01)a	65.2	(90.27±7.29)a	57.19	(97.40±2.60)b	80.45	(94.00±4.58)a	87.09
对照组	(66.67±22.78)a		(69.20±17.81)a		(78.43±11.11)a		(67.77±13.99)a		(69.33±15.06)	

注：同列数据后字母不同表示在 $P<0.05$ 水平上差异显著。

60）比例释放，也可按照每亩 200～300 头的标准释放。将装有异色瓢虫成虫或幼虫的塑料瓶打开，将成虫或幼虫连同介质一同轻轻取出，均匀撒在蚜虫为害严重的枝叶上。

瓢虫适宜温度 20～30℃、湿度 60%～80%，尽量满足其生长发育条件，避免极端温湿度的影响，促进瓢虫定殖，间接增加防效，整个生长季节释放 3 次。购买后应立即释放，以免因互相残杀而造成损失。

（二）挂卵卡

卵卡请于当日傍晚或次日清晨释放，禁止长时间贮存；释放前，请将瓢虫卵卡置于阴凉处，禁止暴晒；将异色瓢虫卵卡悬挂在蚜虫为害部位附近，以便幼虫孵化后，能够尽快取食到猎物。卵卡应避免阳光直射。释放时，禁止将包装盒置于地面，以防蚁类侵害和人为操作造成损失；释放后 10d 内应减少园艺和农事操作，降低瓢虫受损量。

二、东亚小花蝽

东亚小花蝽应直接撒放在植物叶片上。按照东亚小花蝽与蓟马 1∶（20～30）比例均匀释放。拿到东亚小花蝽后，当天傍晚或次日清晨释放，如需暂时存放，可在 8～10℃条件下存放 24h。释放后，2d 内不要进行灌溉，以利于散落在地面上的东亚小花蝽转移到植株上。

东亚小花蝽在饥饿状态下，可能会叮刺皮肤，继而引起皮肤瘙痒，请过敏体质的人在释放时，注意做好保护措施。

三、巴氏新小绥螨

巴氏新小绥螨预防性释放 50～150 头/m^2，防治性释放 250～500 头/m^2。每 1～2 周释放一次。把巴氏新小绥螨连同介质均匀撒放到植物叶片上，或将缓释袋挂放在植株的中部。

巴氏新小绥螨适宜的温度条件为15～20℃，相对湿度>60%。收到捕食螨产品应立即使用，需要时，可存放在8～15℃条件下，但不要存放超过5d。

注意，巴氏新小绥螨对化学农药敏感，释放前1周内及释放后禁用化学农药，但可与其他植物源农药、其他天敌如小花蝽、寄生蜂、瓢虫等共同使用。

四、剑毛帕厉螨

对于新种植的作物，应在定植后的1～2周释放剑毛帕厉螨，经2~3周后再次释放以稳定剑毛帕厉螨种群数量。在已种植的区域或预使用的种植介质中可以随时释放剑毛帕厉螨，至少每2～3周再释放一次。预防性释放50～150头/m^2；防治性释放250～500头/m^2。释放前旋转包装容器用于混匀包装介质内的剑毛帕厉螨，然后将培养料撒于植物根部地土壤表面。产品应立即使用，如需贮存，可在15~20℃、黑暗条件下贮存2d。

注意，释放剑毛帕厉螨主要起到预防作用；剑毛帕厉螨不能暴露于过高（>35℃）或过低（<10℃）的温度下，否则死亡率很高；被石灰和化学农药处理过的土壤，不要使用剑毛帕厉螨；可与其他天敌同时使用。

五、智利小植绥螨

根据益害比1∶10计算智利小植绥螨释放量，实际在3～6头/m^2，严重处可增至20头/m^2。从3～10℃的冷藏处拿出智利小植绥螨产品，需在温暖避光处静置15～20min，使智利小植绥螨活跃。捅开瓶盖上的释放口，轻叩智利小植绥螨产品瓶的瓶身及瓶盖，并轻轻转动包装瓶1min左右，使智利小植绥螨在介质跖石中均匀分布。轻轻抖动包装瓶撒放与跖石混合的智利小植绥螨于植物叶片上。撒放完打开瓶盖，将空瓶与瓶盖置于田间，让残余的智利小植绥螨自行扩散。

杀虫剂能够杀死智利小植绥螨，化学农药杀虫剂使用后需达到安全期后再使用智利小植绥螨。过量的硫黄熏蒸会影响智利小植绥螨的繁殖力，降低防效，甚至致死。

六、加州新小绥螨

加州新小绥螨预防性释放 50~150 头/m^2；防治性释放 250~500 头/m^2。每 1~2 周释放一次。把加州新小绥螨连同介质均匀撒放到植物叶片上，或缓释袋挂放在植株的中部。

加州新小绥螨适宜的温度条件为 20~35℃，相对湿度>70%，不耐干旱。收到加州新小绥螨产品应立即使用，如需贮存，可存放在 3~10℃条件下，但不要超过 5d。

注意，加州新小绥螨对化学农药敏感，释放前 1 周内及释放后禁用化学农药，但在技术人员的指导下可与其他天敌如小花蝽、寄生蜂、瓢虫、智利小植绥螨等同时使用。

七、寄生性天敌

（一）丽蚜小蜂

使用时直接将蜂卡挂于植株中上部的枝条上。丽蚜小蜂羽化后自动寻找粉虱，并产卵寄生于粉虱的若虫。

每亩每次释放 8~10 张小卡（2 000 头左右），隔 7~10d 释放一次。

日光温室种植越冬作物的，一般在冬前释放 1~2 次，冬后（3 月初）释放 2~3 次。整个作物生长季共释放 3~5 次（总共释放 8 000~10 000 头）。

塑料大棚一般是春秋两季作物。春季因为白粉虱数量较少，释放 1~2 次（每亩 2 000~4 000 头）就可以了。秋季白粉虱数量较多，需要释放 2~3 次（每亩 4 000~6 000 头）。

（二）蚜茧蜂

将蚜茧蜂的蜂卡（或包装袋）悬挂于远离地面的植物茎秆、枝条上，投放量视蚜虫多寡调整，一般按照蜂蚜比 1∶（50～100）的比例均匀释放。

释放时间要早，在害虫发生初期释放蚜茧蜂，以确保取得良好的防治效果，当害虫发生量较多或大量发生时，不建议直接使用本品，应在压低害虫虫源基数后的适当时间使用。

烟蚜茧蜂适宜温度 18～30℃，适宜湿度 60%～80%，尽量通过管理措施满足蚜茧蜂生长发育条件，减少极端温度和湿度的影响，促进蚜茧蜂产卵建立种群，从而间接增加防效。释放天敌后尽量不要使用杀虫剂，避免对天敌的杀伤。

（三）赤眼蜂

每亩释放赤眼蜂 8 万～10 万头，放蜂 5 次，放蜂间隔期 3～5d。一般每亩设放蜂点 3～5 个，但在高温、干旱的条件下，应加大放蜂密度。在潮湿、气候较凉爽的地区，可少设放蜂点。

放蜂使用生产单位统一制作的包装袋，要及时释放到田间。应将放蜂袋挂放在作物中部，要挂放牢靠，防止脱落，防止阳光直射和雨水直接冲淋。

如不能及时释放，可将放蜂袋散放在自然温室内桌上，禁止在高温日晒下存放，严禁与农药等有毒有味物品混存、混运。在放蜂区（同一批次赤眼蜂全部出完蜂一般 5～7d），禁止施用化学杀虫剂。

第五章　叶类蔬菜主要病虫害非化学药剂防治

药剂防治，主要限于对环境友好型药剂的筛选和使用。在目前的非化学防治的措施中，药剂防治主要指的是生物农药和矿物源农药。生物农药包括植物源、动物源和微生物源农药，重点来阐述农药防治的特点和科学合理使用技术。

蔬菜病虫害的防治是集传统农业防治技术和现代科学技术为一体的综合配套技术，生物农药的选择和合理使用是目前有效控制病虫害的有效、实用的方法。一是因为生物源农药的有效成分来源于天然物质，是自然界的组成部分，经人工提炼、加工后的浓缩物质用于病虫害防治，符合“源于自然、回归自然”的自然规律。二是生物源农药有利于保护人畜安全，对植物不产生药害；与环境相融性好，有利于保护生态环境、保护天敌，害虫难以产生抗性；在阳光和土壤微生物的作用下易于分解，不污染环境和农产品，残留低；价格低廉，易于大规模开发和生产。三是其他的防治措施需要技术和时间的累积，而生物药剂的使用是农民最易接受的非化学药剂方法，有较强的实用性和可操作性。

第一节 概 述

一、植物源药剂

（一）植物药剂的分类及其防治范围

植物源农药分类及其防治范围见表 5-1。

表 5-1 植物源农药分类及其防治范围

类 群	种 类	防治范围
杀虫剂	除虫菊素、鱼藤酮、烟碱、植物油乳剂等	多种害虫
杀菌剂	大蒜等	真菌病害
拒避剂	印楝素、苦楝、川楝等	多种害虫
增效剂	芝麻素等	

（二）主要杀虫植物资源

可防治蚜虫的植物有蓖麻壳、蓖麻叶、厚果鸡血藤、苦桃、独角莲、木通、蛇床子、细辛、野棉花、巴豆、斑蝥、半边莲、大蒜、洋葱、柏树叶、百部、野菖蒲根、藜芦、核桃皮、苦葛、皂荚、闹羊花、茶饼、生姜、红藤、烟叶、苦参、臭姑娘、鱼藤、鸡血藤、除虫菊、无患子等。

可防治红蜘蛛的植物有细辛、蛇床子、洋金花、麻黄枝、木通、白术、苍子、巴豆、马齿苋、苦葛、山麻柳叶、辣蓼、独角莲、苦桃、苦楝、野棉花、石菖蒲、厚果鸡血藤、蓖麻壳、蓖麻叶、椿树皮、白果皮、黄花蒿、艾蒿、斑蝥、百部、闹羊花、藜芦、茶饼、生姜、红藤、无患子、皂角、雷公藤、鱼藤、除虫菊和河豚油等。

可防治鳞翅目害虫的植物有雷公藤、鱼藤、白果皮、厚果鸡血藤、蛇床子、斑蝥和苦葛等。

(1) 印楝素。印楝是一种喜温耐旱的速生常绿乔木，为楝科植物。印楝树的原生地在南亚及东南亚地区，用途广泛，如可改善防治干热地区的荒漠化、提供木材及燃料、作为行道树木美化市容和天然植物杀虫剂的来源等。我国继 1986 年首次在海南省引种印楝成功后，又于 1955 年在云南省大面积引种。国内外的大量研究表明，在印楝的种子、叶、树皮、枝条等部位中含有多种杀虫活性物质，其中以印楝素的杀虫活性最强。印楝素是复杂的大分子物质，分子结构中有许多能够发生反应的官能团，它易分解，不污染环境，有利于生态平衡和发展可持续农业。印楝素的应用不易产生抗药性，防治害虫范围广，而且它只对那些植食性昆虫起作用，对以昆虫为食的益虫、蜘蛛、蜜蜂以及高等动物无害。印楝素杀虫活性具有广谱、高效、低毒、易降解、无残留、无抗药性等优点，且对脊椎动物无危害，是目前最具开发潜力的植物源农药。印楝素对 200 多种昆虫均具有很高的生物活性，包括重要的农业、卫生害虫。其主要作用包括：强烈的拒食作用；有效地扰乱昆虫的胚后发育；有效的绝育作用；在不干扰昆虫蜕皮的剂量下处理昆虫，其适应性降低。

(2) 苦参碱。苦参是豆科槐属多年生草本植物，对土壤要求不严，在全国各地均有分布。苦参化学成分较多，主要为生物碱、黄酮类化合物。从苦参根、茎、叶、花中共分离出 27 种生物碱，主要为喹嗪啶类生物碱，极少数为双哌啶类。其中，苦参碱、氧化苦参碱、羟基苦参碱、槐果碱、氧化槐果碱等含量较多。从苦参中分离的黄酮类化合物已有 34 种，多数为二氢黄酮和二氢黄酮醇，少数为黄酮、异黄酮、查耳酮及其醇，其中仅有 3 种为苷。近年来，苦参碱农药已被广泛应用于农作物病虫害的防治。苦参含有多种生物碱类，其中的苦参碱具有较强的触杀活性。在国内，苦参碱农药制剂有 0.36%苦参碱水剂、0.5%苦参碱水剂、1%苦参碱醇溶液、1.1%苦参碱溶液和 1.1%苦参碱粉剂等。这些植物源农药已应用于蔬菜、果树、茶叶和烟草等作物上，对害虫具有良好的防效。另外，苦参碱制剂对人畜低毒，易降解，对环境安全，不伤害天敌，有利于生态平衡，适用于有机农业的害虫防治。苦参碱对刺吸式口器害虫具有防治作用。例如，防治菜蚜可用0.36%苦参水剂750mL/hm^2；防治红蜘蛛应用1.8%除虫菊素加苦参碱水乳剂800倍液，防效高达97%；防治粉虱采用8%苦参碱1mg/L，在施药7d后防效为67.23%，表现出较好的持效性。此外，苦参碱对咀嚼式口器害虫同样具有防治作用，例如，防治小白菜菜青虫，以每公顷用0.36%苦参碱水剂1 249.5~1 555.5mL为宜；防治甘蓝菜青虫可使用0.38%苦参碱可溶性液剂1 000倍液喷雾，用量900mL/hm^2。苦参碱对虹吸式口器害虫也具有防治作用，例如，防治甘蓝小菜蛾用1.8%苦参碱·阿维菌素乳油，每公顷喷施该药剂450g。

（3）除虫菊素。除虫菊属菊科，是一种多年生宿根性草本植物，在我国滇中地区广泛种植，并且成为当地小春作物的主要品种，在每年的3月开始采集花朵并在实验室进行亚临界萃取，除虫菊的杀虫有效成分是除虫菊素（主要存在于花中），多用于防治表皮柔嫩的害虫。由于提取工艺复杂，植物内含量较低和制剂的含量较高，故生产成本高。为了降低成本，许多厂家在除虫菊素中加入便宜的苦参碱等，形成复合制剂，不仅有效降低成本，也扩大了杀虫谱。除虫菊素是世界公认的有机农业生产可用的杀虫剂，且具有良好的效果，经过试验和应用，对潜叶蝇、潜叶蛾等难以防治的害虫具有良好的防治作用，由于其对光不稳定，在温室使用比露地效果更好。除虫菊素防治对象为叶菜蚜虫、潜叶蝇、菜青虫、小菜蛾等。防治时期在蚜虫发生初期、潜叶蝇的初发期、菜蛾卵孵化至1龄幼虫时期。防治技术要点：①除虫菊素会被光解，因此宜在傍晚或早晨施用，避免强光；②提早防治，较化学药剂提前3~5d；③最佳防效在施药后3d，可以连续用药

2~3 次，间隔时间 20d。

(4) 蛇床子素。蛇床子素是从传统中草药蛇床子果实中提取的天然化合物，属香豆素类化合物，具有光敏特性。不仅具有香豆素的核心结构苯环和吡喃酮环，还有重要的农药活性基团——异戊烯结构。以触杀作用为主，胃毒作用为辅。通过体表渗透进入虫体内，抑制昆虫体壁和真菌细胞壁上的几丁质沉积，导致昆虫肌肉非功能性收缩，还可作用于害虫的神经系统。对多种鳞翅目害虫、同翅目害虫均有良好的防治效果。

(5) 鱼藤酮。鱼藤属豆科多年生藤本植物，杀虫有效成分主要存在于根部。鱼藤的杀虫主要成分是鱼藤酮。影响害虫的呼吸，抑制谷氨酸脱氢酶的活性，使害虫死亡。主要用于咀嚼式口器害虫和蚜虫的防治，对黄曲条跳甲有独特的灭杀效果，可以在生产中广泛使用。

(6) 藜芦碱。藜芦碱商品名有虫敌、护卫鸟、赛丸丁、西伐丁、好螨星、瑟瓦定，是多种生物碱的混合剂，制剂为草绿色或棕色透明液体。藜芦碱制剂是从喷嚏草的种子和白藜芦的根茎中提取的，对昆虫具有触杀和胃毒作用。主要制剂有 0.5%藜芦碱醇溶液、0.5%可溶性液剂、1.8%水剂和 5%~20%的粉剂。主要杀虫作用机制是药剂经虫体表皮或吸食进入消化系统后，造成局部刺激，引起反射性虫体兴奋，先抑制虫体感觉神经末梢，后抑制中枢神经而致害虫死亡。藜芦碱对人、畜毒性低，残留低，不污染环境，药效可持续 10d 以上，比鱼藤酮和除虫菊的持效期长，用于蔬菜害虫防治有高效。①防治蚜虫：在不同蔬菜的蚜虫发生为害初期，应用 0.5%藜芦碱醇溶液 400~600 倍液喷雾 1 次，持效期可达 2 周以上。可再轮换喷施其他相同作用的杀虫剂，以达高效与延缓抗性产生的效果。②防治菜青虫：当甘蓝处在莲座期或菜青虫处于低龄幼虫阶段为施药适期，可用 0.5%藜芦碱醇溶液 500~800 倍液均匀喷雾 1 次，持效期可达 2 周。③防治棉铃虫：在棉铃虫卵孵化盛期施药，用0.5%藜芦碱可溶性液剂800~1 000倍液喷雾。④防治卷叶蛾：用0.5%藜芦碱醇溶液500~800倍液喷雾。

（三）主要杀菌植物资源

植物源杀菌剂是具有杀菌、抑菌活性的植物的某些部位或提取其有效成分，以及分离纯化的单体物质加工而成的用于防治作物病害的植物资源。全世界已报道过1 600多种具有控制有害生物作用的高等植物，其中抗真菌的有94种，抗细菌的有11种，抗病毒的有17种。常见的植物源杀菌剂包括蛇床子、小檗、百部、苦参碱、白头翁、黄芪、黄芩、白鲜皮、穿心莲、远志等。

（1）蛇床子素。蛇床子中最有效的杀菌成分是蛇床子素，蛇床子素又名甲氧基欧芹酚或欧芹酚甲醚，是蛇床子中含量最高的一种烃基香豆素类有效化学成分，是从传统中草药蛇床子果实中提取的天然化合物，属香豆素类化合物，具有光敏特性。不仅具有香豆素的核心结构苯环和吡喃酮环，还有重要的农药活性基团——异戊烯结构。蛇床子素可抑制病原菌孢子产生、萌发、黏附、入侵及芽管伸长，是一种良好的杀菌剂，目前已经商品化开发，防治真菌类病害。蛇床子素表现出多种作用和功能，可以和多种农药配合使用，具有增效的作用。例如，丁香酚、蛇床子素复配的生物杀菌剂，可以防治草莓的白粉病和油菜的菌核病；2%的蛇床子素+30%的乙蒜素，增效系数均大于1.5；蛇床子素和井冈霉素复配后，可以防治水稻稻曲病，750倍液和900倍液喷施后防治效果达到85%以上；此外，还可以和多菌灵、宁南霉素等多种杀菌剂混合使用，提高防治效果。

（2）苦参总碱。苦参总碱主要成分有苦参碱、氧化苦参碱、槐果碱、氧化槐果碱、槐定碱等多种生物碱，以苦参碱、氧化苦参碱含量最高。野靛碱、槐胺碱、苦参碱、槐果碱和槐定碱均有抑菌活性，其中槐果碱和槐定碱的抑菌活性远高于百菌清；苦参碱活性与百菌清无较大差别，而且高于甲基托布津。经过试验证明，苦参碱丙酮提取物对小麦赤霉病、苹果炭疽病、番茄灰霉病菌丝生长抑制率72h分别为93.2%、99.2%和90.8%；对苹果炭疽病病菌孢子萌发的抑制率24h达87%以上。对蔬菜生霜霉病、白粉病、灰霉病和疫病等多种病害具有抑制作用。因此，苦参碱的杀菌活性成分既能抑制菌体的生物合成，又能影响菌体的生物氧化过程，而且杀菌谱较广，是很好的植物源杀菌剂的资源。

（3）小檗碱。小檗碱又名黄连素，是从黄连等植物中提取的异喹啉类生物碱，可以广谱抑制病原微生物，如细菌、真菌和原虫，用于很多疾病的治疗。小檗碱具有广泛的抑杀细菌作用（表5-2）。

表5-2　微生物在液体培养基中对小檗碱的敏感性

（单位：μg/mL）

微生物	MIC	微生物	MIC
短小芽孢杆菌	25.0	鲍氏志贺菌	12.5
蜡样芽孢杆菌	50.0	金葡菌	6.2~50.0
枯草杆菌	25.0	白色葡萄球菌	50.0
白喉棒状杆菌	6.2	霍乱弧菌	12.5~50.0
大肠杆菌	50~100	柑橘黄单胞杆菌	3.1
肺炎克雷伯菌	25.0	锦葵黄单胞杆菌	6.2
绿脓假单胞菌	>100	野油菜黄单胞杆菌	12.5
芒果假单胞菌	>100	胡萝卜软腐欧文氏菌	100.0
青枯假单胞菌	>100	白色念珠菌	12.5
荧光假单胞菌	>100	Candida utilis	12.5
副伤寒沙门菌	>100	热带念珠菌	3.1
乙型副伤寒沙门菌	>100	Sporotrichum schenkii	6.2
伤寒沙门菌	>100	溶组织内阿米巴	200.0
鼠伤寒沙门菌	>100		

数据来源：张茜，朴香淑.2010年. 小檗碱抑菌作用研究进展［J］. 中国畜牧杂志，2010（46）：3.

（四）诱集和驱避植物资源

驱避植物指通过产生和挥发出一些物质以改变害虫寄主选择行为的植物。植物受害不完全是被动的，它可利用其本身有些成分的变异性，对害虫产生自然抵御性，表现为杀死、忌避、拒食或抑制害虫正常生长发育。种类繁多的植物次生性代谢产物，如挥发油、生物碱和其他一些化学物质，害虫不但不取食，反而避而远之，这就是忌避（驱避）作用。

国内已经对驱避植物进行了广泛研究，并且也投入应用。大蒜作为驱避植物对白菜上的蚜虫具有明显的驱避作用，蔬菜生产中可以使用一定浓度的大蒜研磨液。紫苏、神香草、薄荷等芳香类蔬菜对十字花科作物上的害虫起到一定的驱避作用，可以减少主栽作物上的病虫害，以提高生产效益。香草植物对温室白粉虱也具有一定的驱避作用，其中薄荷、紫苏对番茄上的温室白粉虱的驱避效果最明显，这也为防控番茄上的白粉虱提供了一些新的防控思路。

国外对驱避植物的研究也有一定的进展。研究表明，马铃薯甲虫的定向行为可以受到一些非寄主植物的影响，对某些非寄主植物表现出一定的驱避性；香菜能影响烟粉虱在田间番茄植株上的寄主选择行为，田间番茄的气味在一定程度上能被香菜的挥发性气味遮蔽。大蒜对螨虫也有一定的趋虫性。也有研究表明许多种类的作物都对害虫有一定的驱避作用，如曼陀罗（Kumral 等，2010）、花椒（Iran Tnmg 等，2010）、藿香（Zhu 等，2003）、姜科植物（Suthisu 等，2011）、马缨丹（Dua 等，1996）、芸香（Venkatachalam 和 Jebanesan，2011）、荆芥（Zhu 等，2012）等，可以考虑在实际生产中种植这些植物以驱避害虫。

驱避植物一般采取间作等方式种植于田间，由此改变害虫的寄主选择行为。诱集植物是生物防治类植物，对害虫具有引诱作用。近年来，植保领域的研究者越来越关注诱集植物，其在有害生物综合治理中得到越来越广泛的应用。诱集植物可以保护主栽作物，防止或降低害虫对主栽作物的伤害。烟粉虱的寄主植物较为广泛，已发现的寄主植物已达600多种，在觅食中对不同的寄主植物有明显的选择性。甘蓝田中，苘麻对烟粉虱具有明显的诱集作用，且诱集率较高，达60%。黄瓜对烟粉虱具有较明显的诱集作用，当黄瓜间作于大豆田时，诱集率较高，也具有良好的防治效果。国外对诱集植物也有许多研究进展：胡萝卜田中的伞形花织蛾可以被欧洲防风诱集（Hokkanen，1991）；棉田中的豆荚草盲蝽可以被苜蓿诱集；菊花对于温室中的西花蓟马有良好的诱集作用；Lamy指出大白菜和Z-3-己烯乙酸酯有诱集甘蓝根蝇成虫产卵的作用。

【研究结果实例】

研究小组对粉虱和蓟马等害虫进行了驱避和诱集的研究，通过诱集植物和黄板、粉虱性诱剂配合作用下对烟粉虱的诱集作用，驱避植物和驱避剂对烟粉虱的驱避作用，以及诱集驱避组配后对防控烟粉虱的综合效果评价，取得如下结论。

（1）诱集植物茄子在黄板和性诱剂的配合下对烟粉虱有很好的诱集效果。调查的初期温室中烟粉虱种群数量整体较低，随着时间的延长，温室内温度逐渐升高，温室中烟粉虱的种群数量也逐渐加大。从调查起至调查结束，诱集植物区对烟粉虱的诱集量均显著高于对照区，使用诱集植物和不使用诱集植物存在显著性差异（$P<0.05$）。

（2）驱避植物芹菜和驱避剂都对防控烟粉虱起到作用。在整个调查期内，驱避剂和1∶1间作的驱避植物芹菜处理的番茄烟粉虱的虫口密度明显低于对照。用烟粉虱虫口减退率表现防治效果，在调查期内驱避剂和驱避植物的最高虫口减退率分别达到88.11%和90.64%。

（3）诱集植物在番茄植株间以临位、中位和间位种植都对烟粉虱产生明显的防控作用，且间位种植的防控效果最好。在最后一次调查时三者对烟粉虱的诱集效果分别为79.85%、87.62%、91.67%。在调查前期的一段时间内临位和间位种植的诱集效果没有显著差异，但间位种植下的诱集效果明显高于前两者。

（4）将诱集和驱避进行组配，在不同种植密度下构建不同的“推—拉”模式。在所构建的9种模式中，对烟粉虱防控效果最好的处理为：以诱集植物和黄板、性诱剂为“拉力”，以2∶1间作的驱避植物芹菜和驱避剂为“推力”，番茄与茄子2∶1间作。该模式种植下20d的调查期内番茄烟粉虱虫口减退率保持在91.44%以上，且在第20d调查时虫口减退率达到最高值，为93.56%。

（五）具有增效作用的植物

具有增效作用的植物的特点，可能植物本身不具有杀虫和杀菌的作用，但是它一旦与杀虫和杀菌物质结合以后，就会增强杀虫剂和杀虫剂的作用，提高防治效果或者延长防效的时间。

增效剂的优点在于，能大大增加杀虫和杀菌效果，减少农药用量，从而降低成本，并对于环境保护、造福人类有不可忽视的作用。增效剂可在一定时期内减轻抗药性，并且能更经济地控制害虫。

最初的增效剂就是芝麻素，在第二次世界大战初期，美军用除虫菊素防治虱子时使用其作为增效剂。后来开发了多种增效剂，如胡椒碱、增效酯、增效砜、增效环、增效特、增效散、增效醛、增效醚（Pb或PBO）、增效胺（MGK-264）、全能增效剂（ASR）、增效磷（SV1）、八氯二丙醚和S-855植物源增剂等一系列产品，以杀虫剂的增效剂为主。

增效醚能提高除虫菊素和多种拟除虫菊酯、氨基甲酸酯类、有机磷类杀虫剂的杀虫活性，是目前国际上公认为效率最高的拟除虫菊酯类杀虫剂的增效剂；增效磷对多种有机磷、氨基甲酸酯和拟除虫菊酯等杀虫剂均有明显的增效作用；在研究和推广应用过程中，最常见的植物源增效剂就是茶皂素，茶皂素是茶籽的提取物，本身不具有杀虫的作用，但是它可以和许多杀虫剂（苏云金杆菌、植物源药剂和化学药剂等）混合，大大提高杀虫效果；蛇床子素除具有杀虫杀菌作用外，本身也是一种增效剂，它可以和昆虫病毒、真菌制剂等混用，提高防治效果；芝麻素和细辛素是一种很好的增效剂，其来源于芝麻和细辛，和除虫菊素混合后，提高除虫菊素的效果。此外，许多增效剂都是以植物的有效成分为前体，经过纯化或合成的单一高浓度的物质。

二、动物源药剂

动物源药剂是利用动物体的代谢物或其体内所含有的具有特殊功能的生物活性物质，如昆虫所产生的各种内激素、外激素，这些昆虫激素可以调节昆虫的各种生理过程，以此来杀死害虫，或使其丧失生殖能力、为害功能等。动物源农药的显著特点是高效低毒，对人、畜和植物安全，对天敌杀伤力小，对环境比较友好。

昆虫性外激素又名昆虫性信息素，可以增强雄性昆虫的兴奋度，达到引诱雄性昆虫成虫的目的。昆虫性信息素是近年来的研究热点，由于其具有高效性、专一性，在实际生产中使用方便且经济实惠，对环境无污染，因此被认为是最具有潜力和价值的研究方向之一。近年来，昆虫信息素的提取技术不断成熟完善，人工合成技术的不断发展，昆虫性信息素被广泛应用于害虫种群数量的测报以及害虫的防治。近年来，性诱剂在防控多种农业害虫方面的应用越来越广泛，如小菜蛾、桃小食心虫、梨小食心虫、桃蛀螟、甘蔗螟虫、橘小实蝇、大豆食心虫、二化螟、棉铃虫、棉田盲蝽象等。使用的方法包括了诱芯监测和条带（丝）迷向法，解决了山区或者大面积专一性害虫的监测和防治。

三、微生物源药剂

（一）微生物源药剂分类及防治范围

微生物源农药是指由细菌、真菌、放线菌、病毒等微生物及

其代谢产物加工制成的农药。按来源微生物源农药包括农用抗生素和活体微生物农药两大类。农用抗生素是由抗生菌发酵产生的具有农药功能的次生代谢物质，它们都是有明确分子结构的化学物质。现已发展成为生物源农药的重要大类。例如，用于防治真菌病害的有春雷霉素、多抗霉素、井冈霉素等，用于防治螨类的有浏阳霉素、华光霉素、橘霉素（梅岭霉素）等，用于防治害虫的有阿维菌素、多杀菌素、虫螨霉素、敌贝特等。活体微生物农药是利用有害生物的病原微生物活体作为农药，以工业方法大量繁殖其活体并加工成制剂应用于病虫害防治，其作用实质是生物防治。微生物源农药分类及其防治范围见表5-3。

表5-3　微生物源农药分类及其防治范围

类　群	种　类	防治范围
农用抗生素	春雷霉素、多抗霉素（多氧霉素）、井冈霉素、农抗120、中生菌素等	部分真菌及细菌病害
	浏阳霉素、华光霉素、橘霉素等	螨类
	阿维菌素、多杀菌素、虫螨霉素、敌贝特等	害虫
活体微生物	真菌剂，如蜡蚧轮枝菌等	温室白粉虱、蚜虫
	细菌剂，如苏云金杆菌、蜡质芽孢杆菌等	鳞翅目、鞘翅目害虫
	昆虫病原线虫、微孢子虫等	蝗虫、玉米螟等
	病毒，如核型多角体病毒等	鳞翅目害虫
	拮抗菌剂	病原真菌

（二）杀虫微生物资源

在自然界中，微生物广布于土壤、水和空气中，尤其以土壤中各类微生物资源最为丰富。微生物农药是对自然界中微生物资源进行研究和开发利用的一个方面，此类农药可对特定的靶标生物起作用，且安全性很高，它是由微生物本身或其产生的毒素所构成。在实际应用中，主要包括微生物杀虫剂（表5-4）、微生物杀菌剂和微生物除草剂等。目前已经知自然界中有1 500种微生物

或微生物的代谢物具有杀虫活性，很多已真正用于农林害虫的防治，包括细菌、真菌、病毒、原生动物等。

表 5-4　杀虫微生物资源

类　群	种　数	代　表
病毒生物农药资源	1 600 余种	杆状病毒、质型多角体病毒、痘病毒、虹彩病毒、细小病毒、弹状病毒、内病毒
细菌性生物农药资源	100 多种	虫生细菌、拮抗细菌
放线菌生物农药资源	14 科 56 个属	链霉菌、放线菌、拮抗放线菌
真菌生物农药资源	300 种	虫生真菌
线虫生物农药资源	700 余种	格氏线虫、斯氏线虫
原生动物生物农药资源	3 个目	新簇虫、球虫、微孢子虫
立克次氏体生物农药资源	4 个属	立克次氏体、微立克次氏体

（三）害虫病原微生物的特点

在自然界中可以流行，即病原微生物经过传播扩散和再侵染，可使病原扩大到害虫的整个种群，在自然界中形成疾病的流行，从而起到抑制害虫种群的作用；害虫的病原必须对人类和脊椎动物安全，也不能损害蜜蜂、家蚕、柞蚕，以及寄生性和捕食性昆虫，故不是所有的昆虫病原微生物都可以用作农药，病原微生物对病虫害应具有专化性。总之，微生物源农药具有专化、广谱、安全和效果好的特点。

（四）害虫病原微生物的流行及致病力

病原微生物引起害虫流行病的发生是控制害虫种群数量的重要因素。在自然条件下，以病毒流行病最为常见，真菌流行病次之，然后是细菌流行病。线虫、原生动物流行病偶尔可见。

（五）微生物源制剂的防效

（1）速效性短期防治：微生物制剂和化学药剂有些相似，即使用后可迅速奏效，并要求反复应用以达到防治目的。两者的不同在于：微生物杀虫剂具有较高的选择性，对脊椎动物一般无害；

病虫害对微生物制剂的抗性发展较慢；病原能在寄主体内繁殖，可以通过寄主传递和扩散；病原可通过选择而增强致病力；病原体对被防治害虫种群的影响比单纯死亡率所表现的效果好。

（2）长效性持久防治：微生物病原制剂除能发挥其速效防治作用以外，还可在害虫种群中滞留，并将疾病传播到后代，即表现为持久性的防治效果。对持久性防治来说，短期内死亡率并非是检查效果的唯一标准。害虫局部性的全部消灭不是目的，使种群密度控制在经济危害水平以下的死亡率则更为理想。因此，为达到持久防治效果，可以不必要求用于长效防治的病原具有很高的致病力，只要能杀死足够数量的虫体即可。

（六）微生物源杀虫剂种类

害虫的病原微生物依病原的不同可分为细菌、真菌、病毒和原生动物，其致病机理、杀虫范围各有不同。

（1）细菌：具有一定程度的广谱性，对鳞翅目、鞘翅目、直翅目、双翅目、膜翅目害虫均有作用，特别是对鳞翅目幼虫具有短期、速效、高效的特点。一般从口腔侵入，与胃毒剂用法相似，可喷雾、喷粉、灌心、颗粒剂、毒饵等。影响其防治效果的因素主要为菌剂的类别、表现在同一菌剂对不同害虫效果不同、不同变种菌剂对同一害虫效果不同、菌剂质量、环境条件和使用技术。

（2）真菌：寄主广泛，杀虫谱广。白僵菌、绿僵菌对多种害虫有效。虫霉菌可侵染蚜虫和螨类。可喷雾、喷粉、拌种、土壤处理、涂刷茎干或制成颗粒剂使用。真菌性杀虫剂对人、畜无毒，对作物安全，但对蚕有毒害，侵染害虫时，需要温湿度条件和使孢子萌发的足够水分。浏阳霉素是由灰色链霉菌浏阳变种经发酵得到的一种高效安全的大环内酯类抗生素杀螨剂，属于低毒性农药，其杀螨谱较广，对叶螨、瘿螨都有效，主要是触杀作用，无内吸作用，对温血动物无致畸、致癌、致突变作用，高效、低毒，低残留，对人、畜及天敌较安全，也不杀伤捕食螨，适用于防治棉花、果树、蔬菜、瓜类、豆类、茶叶、花卉和中草药等作物上的螨类。

(3) 病毒：杀虫范围广，对害虫防治效果好且持久。病毒制剂大多采用喷雾的方法，仓库害虫可通过饲料饲喂，使其感病、传播、蔓延。病毒制剂在土壤中可长期存活，有的甚至可长达5年。

(4) 线虫：可防治鞘翅目、鳞翅目、膜翅目、双翅目、同翅目和缨翅目害虫，主要用于土壤处理，如用斯氏线虫防治桃小食心虫。

(5) 微孢子虫：可防治多种农业害虫。用麦麸做成毒饵或直接超低量喷雾于植物上，对草原蝗虫及东亚飞蝗的防治已取得显著效果。

四、矿物源药剂

(一) 铜制剂

作为一种广谱杀菌剂，铜制剂对众多作物病害具有良好的防治作用。铜制剂包括无机铜制剂和有机铜制剂。无机铜制剂是早诞生的一类药剂，存在形式主要包括氢氧化铜、碱式硫酸铜、王铜、氧化亚铜、络氨铜等。目前市场上的有机铜制剂主要有乙酸铜、噻菌铜、喹啉铜、琥胶肥酸铜（DT)、松脂酸铜、腐殖酸铜等。

氨基酸铜制剂是一种适合有机农业的药肥兼用的铜制剂，能满足有机农业标准对铜离子限量的要求并减少对土壤污染。在研究中，氨基酸铜对霜霉病、灰霉病和疫病等具有良好的治疗和预防效果，可以在叶类蔬菜生产中广泛应用。氨基酸铜与其他铜制剂相比，氨基酸配合物能快速被植物吸收，不需要生物能便可输送到植物所需部位，氨基酸的存在增加了铜离子透过植物细胞膜的能力，提高了杀菌效果，而且铜离子与氨基酸配合后，可以延长药效，减少铜离子的用量，降低铜离子产生的药害，减少铜离子在土壤和环境中的积累。

（二）矿物油乳剂

矿物油商品药剂有蚧螨灵乳剂和机油乳剂等。其中，有机油乳剂是由95%机油和5%乳化剂加工而成的，对害虫的作用方式主要是触杀，作用途径如下。

（1）物理窒息：机油乳剂能在虫体上形成油膜，封闭气孔，使害虫窒息致死，或由毛细管作用进入气孔而杀死害虫。对于病菌，机油乳剂也可以窒息病原菌或防止孢子萌发从而达到防治目的。

（2）减少害虫产卵和取食：机油乳剂能够改变害虫寻找寄主的能力，机油乳剂在虫体上形成油膜，封闭了害虫的这些感触器，阻碍其辨别能力，从而明显地降低产卵和取食为害。机油乳剂同时也在叶面上形成油膜，油膜能防止害虫的感触器与寄主植物直接接触，从而使害虫无法辨别其是否适合取食与产卵。害虫在与叶面上的油膜接触之后，多数在取食和产卵之前离开寄主植物。

（三）无机硫制剂

硫黄为黄色固体或粉末，是国内外使用量最大的杀菌剂之一，也可于粉虱、叶螨的防治。该制剂具有资源丰富，价格便宜，药效可靠，不产生抗药性，毒性很低，使用安全等优点，对哺乳动物无毒，对水生生物低毒，对蜜蜂无毒。

（1）硫悬浮剂：由有效成分为50%的硫黄粉，以及湿润剂、分散剂、增黏剂、稳定剂、防冻剂、防腐剂和消泡剂混合研磨而成，外观为白色或灰白色黏稠流动性浓悬浊液。硫悬浮剂能与任何比例的水混合，均匀分散成悬浊液，悬浮率90%以上。硫悬浮剂是非选择性药剂，能防治白粉病、叶螨、锈螨、瘿螨等，连续长期施用，不易产生抗性，使用方便，黏着性好，价格便宜，不污染作物。

(2) 晶体石硫合剂：化学名称多硫化钙，是用硫黄、石灰、水与金属触媒在高温高压下加工而成，使用方便，对植物安全。该剂为无机杀菌剂、杀螨剂和杀虫剂，可用于防治叶螨、瘿螨、蚧和真菌病害，不易产生抗药性，不破坏生态平衡。

(3) 石硫合剂：是以生石灰和硫黄粉为原料加水熬制而成的红褐色透明液体，有臭鸡蛋味，呈强碱性。常用原料配方为生石灰1份、硫黄粉2份、水12~13份。石硫合剂母液质量的好坏，取决于所用原料生石灰和硫黄粉的细度，一般选用轻质的生石灰，硫黄需40目的细度，火力要大而稳定。原液波美度越高，含有效成分（多硫化钙）也越多。使用前应先用波美比重表测量原液的波美浓度，然后再根据需要施用的药液浓度加水稀释。

五、其他药剂

（一）生物杀线剂

根据线虫的发生与环境的关系，课题组研制了以有机酸和杀虫植物浸提液为主要成分的改良配方并通过室内生测、盆栽验证和大田应用来优化配方，研发出新型且高效的植物杀线剂应用于农业生产中。其产品主要特征如下。

(1) 生物杀线剂的配方组成全部为植物源和生物源产品，不含任何化学合成的成分。

(2) 生物杀线剂为酸性物质，pH值在4.5以下。

(3) 该产品即包含有抑制线虫的成分，又有促进作物修复和健康的营养物质，做到治疗和修复相结合。

(4) 室内生测中对线虫的防治效果可以达到85%以上；盆栽实验中，防治效果在75%以上，在大田试验中，防治效果达到60%以上，可以减少损失50%以上。

（二）驱避物质和驱避剂

驱避剂是一类昆虫行为调节剂。害虫驱避剂的应用历史悠久，上古时期人类就运用樟树、茴香、艾草、薄荷、薰衣草等天然植物进行驱虫。日常生活中，人们经常用樟木块、红雪松块驱避蛀虫，也会在日常生活中使用香囊、熏烟、植物油等方法驱避害虫，甚至杀死害虫。第二次世界大战前，主要运用的驱虫剂有 4 种：香茅油、驱蚊油、避虫酮、驱蚊醇。马拉硫磷是最早用来防治烟粉虱的驱避剂之一，也是一种化学农药，测试表明马拉硫磷确实对烟粉虱成虫的行为产生了影响。植物源驱避剂主要来自天然物质提取的植物精油，环境友好，成本较低，目前越来越多的学者对驱避剂进行研究。研究发现，牛至精油、冬青精油对蜱有明显的驱避作用；苦橄榄挥发油对小菜蛾有较为强烈的驱避作用；芹菜有利于驱避烟粉虱，将芹菜间作于田间有助于对烟粉虱的防控；印楝种子壳的提取物对烟草上斜纹夜蛾有一定的驱避作用；大蒜提取物、生姜油、冬青油、辣椒油、柑橘油、广藿香油、橄榄油等对烟粉虱局均有良好的驱避效果。

六、非化学药剂产品毒性分析

非化学药剂分类和风险等级详见表 5-5。

表 5-5　药剂分类和风险等级

类　别	药物名称	毒　性	风险等级
植物源和动物源	楝素（苦楝、印楝等提取物）	微毒	1
	天然除虫菊素（除虫菊科植物提取液）	低毒	3
	苦参碱及氧化苦参碱（苦参等提取物）	微毒	1
	鱼藤酮类（如毛鱼藤）	高毒	4
	茶皂素（茶籽等提取物）	低毒	2
	皂角素（皂角等提取物）	无	1
	蛇床子素（蛇床子提取物）	低毒	2
	小檗碱（黄连、黄柏等提取物）	中毒	3
	大黄素甲醚（大黄、虎杖等提取物）	低毒	2
	植物油（如薄荷油）	低毒	2
	植物油（如松树油）	中毒	3

（续表）

类 别	药物名称	毒 性	风险等级
植物源和动物源	植物油（如香菜油）	低毒	2
	寡聚糖（甲壳素）	低毒	2
	天然诱集和杀线虫剂（如万寿菊、孔雀草）	微毒	1
	天然诱集和杀线虫剂（如芥子油）	中毒	3
	天然酸（如食醋、木醋和竹醋）	低毒	2
	菇类蛋白多糖	微毒	1（豁免）
	水解蛋白质	微毒	1
	牛奶	微毒	1
	蜂蜡	微毒	1
	蜂胶	微毒	1
	明胶	微毒	1
	卵磷脂	微毒	1
	具有驱避作用的植物提取物（大蒜素）	低毒	2
	具有驱避作用的植物提取物（薄荷、辣椒、花椒、薰衣草、柴胡、艾草的提取物）	低毒	1
	昆虫天敌（如赤眼蜂、瓢虫、草蛉等）	微毒	1
	昆虫性外激素	无	1
矿物源	铜盐（如硫酸铜）	中毒	3
	铜盐（氢氧化铜）	低毒	2
	铜盐（氯氧化铜）	低毒	2
	铜盐（辛酸铜）	无	2
	石硫合剂	低毒	2
	波尔多液	低毒	2
	氢氧化钙（石灰水）	微毒	1（ADI不做限制性规定）
	硫黄	低毒	2
	高锰酸钾	低毒	2
	碳酸氢钾	微毒	1（ADI不做限制性规定）
	石蜡油	缺乏[①]	1

（续表）

类　别	药物名称	毒　性	风险等级
矿物源	轻矿物油	缺乏	1
	氯化钙	缺乏	1
	硅藻土	缺乏	1
	黏土（如斑脱土、珍珠岩、蛭石、沸石等）	缺乏	1
	硅酸盐（如硅酸钠、硅酸钾等）	缺乏	1
	石英砂	缺乏	1
	磷酸铁（3价铁离子）	微毒	1（美国FDA，一般公认为安全）
微生物源	真菌及真菌制剂（如白僵菌、绿僵菌、轮枝菌、木霉菌等）	豁免	1（豁免）
	细菌及细菌制剂（如苏云金芽孢杆菌、枯草芽孢杆菌、蜡质芽孢杆菌、地衣芽孢杆菌、荧光假单胞杆菌等）	豁免	1（豁免）
	病毒及病毒制剂（如核型多角体病毒、颗粒体病毒等）	豁免	1（豁免）
其　他	二氧化碳	微毒	1（无限量规定）
	乙醇	微毒	1
	海盐和盐水	无	1
	明矾	缺乏	1
	软皂（钾肥皂）	微毒	1
	磷酸氢二铵	中毒	1（一般公认为安全）

注：①指缺乏评估依据。

七、常见非化学药剂产品及其生产厂家

常见非化学药剂产品及其生产厂家见表5-6。

表 5-6 常见非化学药剂产品及其厂家

产品名称	生产厂家	规格	防治对象
5% D-柠檬烯可溶液剂	奥罗阿格瑞国际有限公司	100mL	烟粉虱
5%桉油精可溶液剂	北京亚戈农生物药业有限公司	100mL	十字花科蔬菜蚜虫
1.5%除虫菊素水乳剂	内蒙古清源保生物科技有限公司	100mL	叶菜蚜虫
0.3%苦参碱水剂	山东省乳山韩威生物科技有限公司	200g	十字花科蔬菜菜青虫
0.3%苦参碱水剂	北京富力特农业科技有限责任公司	200mL	十字花科蔬菜菜青虫
0.3%苦参碱水剂	内蒙古清源保生物科技有限公司	100mL	十字花科蔬菜菜青虫、蚜虫
0.5%苦参碱可溶液剂	北京亚戈农生物药业有限公司	100mL	甘蓝蚜虫
99%矿物油乳油	韩油能源有限公司	1L	烟粉虱，白粉虱
0.5%藜芦碱可溶液剂	成都新朝阳作物科学有限公司	100mL	红蜘蛛
16 000IU/mg 苏云金杆菌可湿性粉剂	山东省乳山韩威生物科技有限公司	500g	十字花科蔬菜菜青虫、小菜蛾
300 亿 PIB/g 甜菜夜蛾核型多角体病毒水分散粒剂	河南省济源白云实业有限公司	3g	十字花科蔬菜甜菜夜蛾
300 亿 OB/mL 小菜蛾颗粒体病毒悬浮剂	河南省济源白云实业有限公司	20mL	十字花科小菜蛾
200 亿 PIB/g 斜纹夜蛾核型多角体病毒水分散粒剂	河南省济源白云实业有限公司	3g	十字花科蔬菜斜纹夜蛾
0.5%依维菌素乳油	浙江海正化工股份有限公司	200mL	甘蓝小菜蛾
0.3%印楝素乳油	成都绿金生物科技有限责任公司	100mL	十字花科小菜蛾
0.3%印楝素乳油	山东省乳山韩威生物科技有限公司	100mL	甘蓝小菜蛾
60g/L 乙基多杀菌素悬浮剂	美国陶氏益农公司	10mL	小菜蛾、甜菜夜蛾、蓟马
0.5%氨基寡糖素水剂	山东省乳山韩威生物科技有限公司	100g	晚疫病

（续表）

产品名称	生产厂家	规　格	防治对象
2%氨基寡糖素水剂	山东禾宜生物科技有限公司	10g	病毒病
5%氨基寡糖素水剂	青岛海纳生物科技有限公司	200g	病毒病
2%春雷霉素水剂	山东禾宜生物科技有限公司	20g	叶霉病
6%春雷霉素可湿性粉剂	陕西麦可罗生物科技有限公司	100g	大白菜黑腐病
0.1%大黄素甲醚水剂	内蒙古清源保生物科技有限公司	100mL	病毒病
0.5%大黄素甲醚水剂	内蒙古清源保生物科技有限公司	100mL	白粉病
3%多抗霉素可湿性粉剂	山东省乳山韩威生物科技有限公司	200g	霜霉病
10%多抗霉素可湿性粉剂	山东省乳山韩威生物科技有限公司	100g	叶霉病
6%寡糖·链蛋白可湿性粉剂	中国农科院植保所廊坊农药中试厂	15g	病毒病
100万孢子/g寡雄腐霉菌可湿性粉剂	捷克生物制剂股份有限公司	2.5g	晚疫病
3亿CFU/g哈茨木霉菌可湿性粉剂	美国拜沃股份有限公司	50g	灰霉病、立枯病、猝倒病
100亿CFU/g枯草芽孢杆菌可湿性粉剂	美国拜沃股份有限公司	50g	白粉病
1 000亿孢子/g枯草芽孢杆菌可湿性粉剂	山东省乳山韩威生物科技有限公司	100g	白粉病
1 000亿孢子/g枯草芽孢杆菌可湿性粉剂	中国农科院植保所廊坊农药中试厂	50g	灰霉病
2 000亿CFU/g枯草芽孢杆菌可湿性粉剂	浙江省桐庐汇丰生物科技有限公司	100g	灰霉病
4%嘧啶核苷类抗菌素水剂	陕西麦可罗生物科技有限公司	500mL	疫病、黑斑病、白粉病
1%蛇床子素水乳剂	内蒙古清源保生物科技有限公司	100mL	霜霉病
3%中生菌素可湿性粉剂	东莞市瑞德丰生物科技有限公司	100g	青枯病

第二节 研究和成果

一、土壤消毒与土传病害控制

设施蔬菜栽培面积不断扩大，但由于设施环境适宜，加上连茬种植，化肥农药的不平衡使用导致耕地土壤次生盐渍化、酸化等问题日益严重，生产上又缺乏抗病品种，使得土壤中各类病原微生物大量累积，导致土传病害日益猖獗，许多蔬菜产区因土传病害而大幅减产甚至绝收，已经严重制约了蔬菜产业的发展。石灰氮土壤消毒可以在很大程度上杀灭土壤中的病原菌，防治土传病害，但由于土壤消毒的同时有益微生物也会受到破坏，因此土壤消毒后补充有益微生物有助于土壤微生态功能重建，微生物菌剂能够通过微生物生命代谢活动，为植株提供良好的生长环境，可显著促进作物的株高、茎粗、根系生物量和产量等，有效提高植物养分利用率，降低土壤连作障碍的发生，对化肥减施和土壤病害防控有着重要的辅助作用。

（一）关键技术

6—8 月进行石灰氮土壤消毒，8 月末揭膜晾晒 1 周后施入复合微生物菌肥，正常定植作物缓苗后补施 1 次中蔬根保®复合微生物菌剂，每隔 10d 施用一次中蔬根保®复合微生物菌剂，整个生长期内施用 3 次。

（二）实施效果

使用土壤消毒处理和中蔬根保®复合微生物菌剂处理的地块，结球生菜根部病害发病率显著低于对照地块，平均防效 79.2%，单球重及叶球总数显著高于对照地块，亩增产 54.9%，土壤消毒处理和中蔬根保®复合微生物菌剂的使用降低了土传病害发生率，增加了产量（表 5-7）。

表 5-7 中蔬根保®复合微生物菌剂与土壤消毒协同防控叶类蔬菜土传病害技术

处理方式	防治效果		产量情况	
	平均病株率（%）	防效（%）	产量（kg/亩）	增产（%）
土壤消毒+中蔬根保®	18.0	81.3	3 008.5	45.3
中蔬根保®	20.0	79.2	3 676.6	54.9
CK	96.0		1 642.8	

二、生防菌剂与化学药剂协同防治土传病害

根据多年调查和鉴定，最终明确导致京津冀地区叶类蔬菜死棵的主要病原菌种类为 6 种，分别为核盘菌（*Sclerotinia sclerotiorum*）、灰葡萄孢（*Botrytis cinerea*）、镰孢菌（*Fusarium* spp.）、软腐果胶杆菌（*Pectobacterium carotovorum*）、茄链格孢（*Alternaria solani*）、立枯丝核菌（*Rhizoctonia solani*）、其中以立枯丝核菌为主，该病原引起叶类蔬菜，主要是生菜、芹菜、快菜、油菜的茎基腐病（立枯病）。为了保证叶类蔬菜安全生产，生防芽孢杆菌与化学药剂协同定点防控叶类蔬菜土传病害技术的研发至关重要，也是京津冀地区叶类蔬菜土传病害防控的重要发展方向。

（一）关键技术

利用筛选获得的 10 亿 CFU/mL 枯草芽孢杆菌（*Bacillus subtilis*）ZF94 与浓度为 0.3mg/kg 的 22.4%氟唑菌苯胺复配与育苗基质混合后育苗，预防苗期及生长前期的生菜立枯病，生长期配合滴灌施用 2 000 倍枯草芽孢杆菌 ZF94，全生育期预防生菜立枯病的发生。

（二）实施效果

菌株 ZF94 与氟唑菌苯胺 0.3mg/kg 混配施用后，病情指数为 18.8，防效为 55.3%。且对生菜有明显的促进作用，与对照相比，

株高增长率为 32.4%，叶面积增长率为 24.8%，鲜重增长率为 27.3%，根重增长率为 12.7%，亩增产 4.6%。分别在大兴、通州、顺义、密云示范推广应用，累计示范面积 50 亩。

（三）生防菌剂与化学药剂协同定点防控叶类蔬菜土传病害技术实施方案

生防菌剂与化学药剂协同定点防控叶类蔬菜土传病害技术实施方案详见图 5-1。

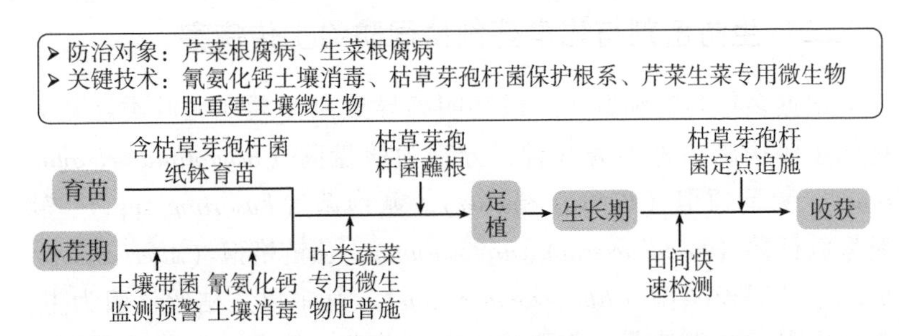

图 5-1　生防菌剂与化学药剂协同定点防控叶类蔬菜土传病害技术实施方案

三、氨基酸铜——与克露媲美的防治霜霉病的药剂

（一）原　理

氨基酸铜是兼具杀菌和肥料双重作用的有机农业药肥，形成了铜离子的新的形态，满足有机农业标准对铜离子限量的要求和减少对土壤污染。氨基酸铜与其他铜素杀菌剂相比，氨基酸配合物能快速被植物吸收，不需要生物能便可输送到植物所需部位，氨基酸的存在增加了铜离子透过植物细胞膜的能力，提高了杀菌效果，而且铜离子被氨基酸配合后，可以延长药效，减少铜离子的用量，并降低铜离子产生的药害，减少铜离子在土壤和环境中

的积累。在研究中对霜霉病、灰霉病和疫病等具有较好的治疗和预防效果，可以在叶类蔬菜生产中广泛应用。

可以侵染多种叶类蔬菜的霜霉病，是发生普遍且为害严重的一种病害，目前主要以化学农药控制其为害。大量化学农药的使用不仅导致该病害抗性增强、防治效果减弱，而且对食品安全、环境保护和人类健康等造成不利的影响。

（二）试验设计

进行氨基酸铜对霜霉病防病实验，主要目的是选择适宜的浓度，设定3个处理，每个处理设3次重复。处理A为750倍氨基酸铜；处理B为1 000倍氨基酸铜；CK为清水对照。

在霜霉病发病后开始喷施氨基酸铜，并在施药后1周调查病情指数，每小区十字交叉法选取5点，每点调查2~3株，以每片叶上的病斑面积占整个叶面积的百分率来分级进行调查。分为0~9级，计算病情指数。

（三）结果分析

试验结果：750倍氨基酸处理对霜霉病具有较好的防病效果，各个处理间在0.05水平处理间有显著差异。750倍液处理对霜霉病具有较好的防病效果，且优于1 000倍液处理，防效可以达到74.88%，可以替代克露等特效药在叶类蔬菜生产中控制霜霉病。

四、硅——提高抗性，控制霜霉病

（一）原　理

从营养抗病的角度出发，探讨硅不同浓度水平、不同硅源制剂、不同施用方式等对霜霉病的影响。通过调查叶片干重、鲜重、叶面积等生物学指标，检测叶片中硅含量和过氧化物酶等抗性酶的活性，筛选出抑制病害的最佳浓度，分析硅可能对霜霉病产生抑制作用的机制。硅元素的抗病机制主要有：物理屏障作用，增强细胞壁的机械强度，抑制真菌吸器的形成及菌丝的扩展；参与植物内某些生理反应；影响植株内某些酶活性变化；胁迫条件下影响基因表达。

（二）试验设计

CK1：在完全营养液中不加硅且不接种霜霉病菌；处理 A1：加入 200mg/L 硅，但不接种霜霉病菌；处理 A2：加入 100mg/L 硅，但不接种霜霉病菌；处理 A3：加入 50mg/L 硅，但不接种霜霉病菌；CK2：不加硅，但接种霜霉病菌；处理 B1：加入 200mg/L 硅且 7d 后接种霜霉病菌；处理 B2：加入 100mg/L 硅且 7d 后接种霜霉病菌；处理 B3：加入 50mg/L 硅且 7d 后接种霜霉病菌。

不加硅处理中加入硫酸钠，以平衡钠离子。每处理重复 3 次。

（三）结果分析

硅对霜霉病病情指数和防治效果的影响：在营养液中添加不同浓度偏硅酸钠，均能抑制霜霉病的发生。从病情指数分析，硅浓度为 200mg/L、100mg/L 和 50mg/L 处理的病情指数分别为 27.8、21.3 和 39.4，对照的病情指数为 57.3，与对照差异达到极显著水平差异。所有加硅处理的防治效果均能达到 30% 以上，其中硅浓度为 100mg/L 时防治效果最好，防治效果为 62.8%；硅浓度为 200mg/L 和 50mg/L 时，防治效果分别为 51.5%和 31.2%。

五、竹醋液特殊功能——防治霜霉病

（一）原　理

竹醋液是 20 世纪末日本率先开发成功的一种纯天然、绿色环保新产品。它是由竹材及竹材加工剩余物经过热解并冷凝得到的深红褐色有特殊气味的液体，含有有机酸、酚类、酮类、醛类、醇类及杂环类等近 200 多种成分。竹醋液的用途相当广泛，在农业方面可用于防治农作物病虫害及减少农药残留，在医疗卫生上可用作杀菌、消炎、医药、保健，还可用于消除异味、作饲料添加剂。

（二）田间防效试验方法

试剂处理：将竹醋原液分别稀释为 50 倍、100 倍、200 倍、300 倍设 4 个处理，设 1 个化学农药处理即克露稀释 600 倍，同时以清水作对照，共设 6 个处理。每处理 20 株，3 次重复，随机排列。用手持喷雾器进行叶面喷雾，每隔 10d 喷一次，共喷 3 次。

田间防效调查：于喷药前 1d 和最后一次喷药后 6d 分别调查病情严重度。每株调查 5 片叶（定位），根据霜霉病病情分级标准，分别记载病级，计算出病情指数和防治效果。

（三）结果分析

室内抑菌效果：竹醋液处理对霜霉病孢子囊萌发的抑制效果随着竹醋液浓度的增大而增强。以 50 倍的竹醋液处理抑制霜霉病孢子囊萌发的效果最好，抑制率达 87.47%；其次是竹醋液 100 倍液，抑制率为 85.83%；化学药剂克露 600 倍液的抑制率为 86.77%。三者之间对霜霉病孢子囊萌发的抑制率没有显著差异性，但与竹醋 200 倍液和竹醋 300 倍液有极显著差异。说明竹醋原液稀释 50~100 倍后，在室内对霜霉病的抑菌有明显效果。

田间防效试验结果：竹醋液各处理间对霜霉病田间防治效果存在极显著的差异，竹醋液的浓度越高，防病效果越好，以竹醋液 50 倍液对黄瓜霜霉病的田间防治效果最好，达到 89.47%；其次为竹醋液 100 倍液，防治效果为 79.50%；竹醋液 200 倍液和竹醋液 300 倍液的防治效果分别为 70.08% 和 30.47%；化学农药克露 600 倍液的防治效果为 80.87%。在试验中发现，用竹醋液 50 倍液处理的黄瓜叶片，有轻微灼伤药害。因此，综合考虑防病效果、安全性和经济成本等因素的影响，应以竹醋液 100 倍液的使用效果较好。

六、防治蚜虫的新型生物复合制剂

基于现有植物源农药存在的问题，如何针对特定蚜虫和寄主植物的生物学特点选择合适的植物源农药，如何通过植物源农药之间的复配混合获得具有高杀蚜活性的药剂，如何通过助剂的添加提高杀蚜剂的附着性和杀蚜活性，以及田间施用植物源农药的最适稀释倍数和杀蚜效果的评价等，对于研制和开发符合有机农业标准、安全高效和环境兼容性好的杀蚜药剂具有十分重要的作用，对于提高有机蔬菜的产量和品质、有机农业中蚜虫的控制以及蚜虫的综合防控具有重要意义。

针对北京地区有机叶用油菜生产中蚜虫的防治开展研究，重点是研发植物源的复合杀蚜制剂，并在生产中验证和应用，达到有机农业增效减药的目的。

（一）研究目的

研究以叶用油菜萝卜蚜为防治对象，意在探究：①通过室内生物测定，明确 3 种植物源提取物（烟草浸提液、苦参碱和鱼藤酮）对萝卜蚜的毒杀效果。②利用共毒因子法和共毒系数法，筛选和复配植物源提取物防治蚜虫的最佳配方。③为提高筛选和复配出的杀蚜剂杀蚜效果和黏附性，添加助剂（肥皂液、竹醋液、茶皂素等）以改良植物源提取物复配剂。④探究植物源提取液复配剂对萝卜蚜田间防控效果，在生产中研究复配杀蚜剂的使用倍数，验证复配杀蚜剂的田间应用效果。

通过室内试验和田间试验，研制新型植物源复配杀蚜剂，达到有机农业增效减药的目的，为植物源复配杀蚜的研发和生产推广，为有机农业生产过程中蚜虫的防控提供理论和实践依据。

（二）结果分析

（1）通过改良的浸液法对植物源农药 2%苦参碱、0.8%鱼藤酮和烟草浸提液对叶用油菜萝卜蚜的毒力效果进行了室内生物测定，结果显示，0.8%鱼藤酮 LC_{50} 值为 73mg/L，2%苦参碱 LC_{50} 值为 3 467mg/L，烟草浸提液 LC_{50} 值为 339 781mg/L。

（2）采用共毒因子法对 2%苦参碱、0.8%鱼藤酮和烟草浸提液复配效果进行初步评价，发现烟草浸提液与2%苦参碱复配，共毒因子（Co-Toxicity Factor，c. f.）大于20，表现出明显的增效作用。采用共毒系数法进一步研究烟草浸提液与2%苦参碱复配最佳配比，结果表明当烟草浸提液与2%苦参碱的致死中浓度药液的配比为3∶7，即烟草浸提液与2%苦参碱配比为42∶1（MT3）时，共毒系数（Co-Toxicity Coefficient，CTC）为296.53，增效作用最为显著。

（3）为提高复配杀蚜剂MT3的杀虫效果，通过正交设计试验L_9（3^4）探究3种助剂（肥皂液、竹醋液和茶皂素）最佳添加配比，结果表明，组合Ⅰ（$D_1E_2F_2G_2$）为最佳助剂添加配比方案，即肥皂液5%、竹醋液3%、茶皂素3%、MT3稀释10倍液（MT3-10）87%，对萝卜蚜的毒杀效果达到了93.34%。

（4）根据室内复配组合Ⅰ（$D_1E_2F_2G_2$）配比方案，配制田间药效试验使用的复配杀蚜剂KY1，通过田间小区试验对其进行田间药效验证，结果表明，复配杀蚜剂KY1对油菜萝卜蚜的田间防治效果达到80%以上，其200倍液、400倍液、800倍液的防治效果分别为80.84%、84.34%和87.15%。商品苦参碱水剂（0.3%）的500倍稀释液的防治效果为90.73%，与复配杀蚜剂KY1的防治效果之间无显著差异，复配杀蚜剂KY1苦参碱有效成分最少使用量为0.06g/亩，商品苦参碱水剂的苦参碱有效成分使用量为0.67g/亩。

七、防治西花蓟马的植物源特效药

西花蓟马是蔬菜上的常见害虫，也是叶类蔬菜生产中的重要害虫，为了筛选对西花蓟马有特殊效果的植物源杀虫剂，于2019年在怀柔区天安有机农场进行了本试验。

（一）试验材料

供试药剂：5%扑利旺SL可溶性溶剂（d-柠檬烯）、0.3%印楝素乳油、1.5%除虫菊素水乳剂、0.6%苦参碱水剂、2.5%鱼藤酮乳油 5 种商品药剂。

供试作物：芹菜（文图拉西芹）。

目标害虫：西花蓟马（*Frankliniella occidentalis*）。

（二）试验方法

在前期进行种群监测的芹菜大棚内进行，监测到西花蓟马大量发生时进行田间药效试验。5 种单一药剂处理，再分别将单一药剂与助剂以 1∶1 的比例配合，共 10 种处理，重复 3 次，以清水为对照。同时每个小区悬挂 3 块蓝板，每隔 4d 统计蓝板上西花蓟马成虫的数量。每个小区占地为 $2m^2$，随机排列，试验期间除供施药剂外不施用其他的药剂，每亩施药量为 55.58L。

（三）试验结果

在所试验的 5 种药剂中，5%扑利旺可溶性液剂和 0.6%苦参碱 AS 水剂的防效最好。在植物源药剂中添加助剂后，可以促提高药剂效果并且延长药效的持续能力（表 5-8）。

八、纳米材料增效剂——提高西花蓟马防效和持续性

（一）材料和方法

以单一药剂 0.6%苦参碱水剂作为此次试验使用的药剂，与两种不同的助剂（助剂 1 为纳米矿粉，助剂 2 为合成助剂）配合使用，共计 3 个处理，即 0.6%苦参碱水剂 500 倍、0.6%苦参碱水剂与助剂混合液稀释 1 500 倍和 0.6%苦参碱水剂与助剂混合液稀释 2 500 倍，每个处理重复 3 次。试验中各处理的药剂组合方式和施药倍数如表 5-9 所示，以清水为对照。每个小区占地为 $2m^2$，随机排列，试验期间除供施药剂以外不施用其他的药剂，按照每亩施药量为 55.58L 的药液量折合每个小区的用药量。

（二）结　论

添加两种配比的助剂后，使得 0.6%苦参碱水剂的药效均得到了提升，但助剂 1 所提供的的药效提升和持久性更佳。

表 5-8　5 种植物源杀虫剂对西花蓟马的防治效果

药　剂	施药 1d		施药 3d		施药 5d		施药 7d		施药 10d	
	虫口减退率	校正防效	虫口减退率	校正防效	虫口减退率	校正防效	虫口减退率	校正防效	虫口减退率	校正防效
5%扑利旺可溶性液剂	41. 13%	68. 05%b	47. 25%	68. 20%ab	47. 25%	66. 83%a	41. 13%	62. 44%a	54. 13%	68. 42%a
0. 3%印楝素乳油	40. 37%	67. 63%b	44. 95%	66. 82%ab	8. 26%	42. 31%b	-3. 98%	33. 66%a	12. 84%	40. 00%a
1. 5%除虫菊素水乳剂	33. 49%	63. 90%b	26. 61%	55. 76%b	19. 72%	49. 52%ab	4. 43%	39. 02%a	-0. 15%	31. 05%a
0. 6%苦参碱水剂	65. 60%	81. 33%a	59. 48%	75. 58%a	49. 54%	68. 27%a	48. 01%	66. 83%a	44. 95%	62. 11%a
2. 5%鱼藤酮乳油	39. 60%	67. 22%b	57. 95%	74. 65%ab	1. 38%	37. 98%b	17. 43%	47. 32%a	20. 49%	45. 26%a
CK	-84. 25%		-65. 90%		-59. 02%		-56. 73%		-45. 26%	

注：同行不同字母表示表示差异显著（$\alpha=0.05$）。

表 5-9　助剂的田间筛选试验结果

药　剂	施药 1d 后		施药 3d 后		施药 5d 后		施药 7d 后	
	虫口减退率	校正防效	虫口减退率	校正防效	虫口减退率	校正防效	虫口减退率	校正防效
0. 6%苦参碱水剂	40. 58%	45. 16%c	45. 11%	51. 86%b	56. 72%	68. 98%b	49. 88%	70. 45%a
0. 6%苦参碱+助剂 1	56. 52%	59. 87%b	72. 23%	75. 64%a	74. 17%	81. 48%a	70. 12%	82. 38%a
0. 6%苦参碱+助剂 2	64. 36%	67. 11%a	67. 41%	71. 42%a	73. 70%	81. 15%a	66. 97%	80. 53%a
CK	-8. 36%		-14. 01%		-39. 49%		-69. 65%	

九、减量增效的植物源农药的纳米助剂

（一）研究目的

（1）探究纳米助剂在植物源农药对蚜虫的防治中所起促进或增效作用。

（2）筛选纳米助剂与植物源农药的复配比例以及浓度，探究纳米助剂的最佳用量，减少植物源农药的使用量，减量增效。

（3）探究纳米助剂和植物源农药复合体在不同作用方式上的杀虫效果。

（二）研究内容

（1）选用 3 种植物源药剂——苦参碱、除虫菊素、d-柠檬烯，比较在不加助剂与加助剂两种情况下 3 种药剂的防治效果及差异。

（2）从 3 种植物源药剂中筛选出防治效果最好的药剂，与纳米助剂按照不同比例复配后比较对蚜虫的防治效果。

（3）在不同的复配比例下比较和选择出药剂的最佳使用浓度。

（4）比较植物源药剂与纳米助剂的复合体对蚜虫的作用方式。

（三）试验材料和方法

1. 材　料

5%扑利旺可溶性液剂（d-柠檬烯）（奥罗阿格瑞国际有限公司生产）；1.5%除虫菊素水乳剂（内蒙古清源保生物科技有限公司生产）；0.3%苦参碱水剂（内蒙古清源保生物科技有限公司生产）；纳米助剂（由中国农业大学昆虫学系农业部监测重点实验室提供）。

2. 方　法

（1）试验设计与虫口基数调查。共设置 6 个处理，1 个空白对照，每个处理设置 3 组重复，每个重复为 1 列，共 21 列（其中 1

列约 1.2m×6.5m)。每组处理每个重复随机选取 5 片叶片，做好标记，统计上面的蚜虫数量并做好记录。

(2) 不同处理的药剂。CK：清水 (9L)；处理 A：0.3%苦参碱水剂稀释 500 倍 (18mL 0.3%苦参碱水剂+9L 水)；处理 B：1.5%除虫菊素水乳剂稀释 500 倍 (18mL 1.5%除虫菊素水乳剂+9L 水)；处理 C：5%扑利旺可溶性液剂稀释 500 倍 (18mL 5%扑利旺可溶性液剂+9L 水)；处理 D：0.3%苦参碱水剂与纳米助剂混合液稀释 500 倍 (18mL 0.3%苦参碱水剂+18mL 纳米助剂+9L 水)；处理 E：1.5%除虫菊素水乳剂与纳米助剂混合液稀释 500 倍 (18mL1.5%除虫菊素水乳剂+18mL 纳米助剂+9L 水)；处理 F：5%扑利旺可溶性液剂与纳米助剂混合液稀释 500 倍 (18mL 5%扑利旺可溶性液剂+18mL 纳米助剂+9L 水)。

(四) 研究结果

由调查数据得出：施药后第一天，1.5%除虫菊素水乳剂加纳米助剂防效为 86.52%，效果最好，不加助剂的 1.5%除虫菊素水乳剂防效为 84.92%，两者无显著性差异；加了助剂的 0.3%苦参碱水剂和 5%扑利旺可溶性液剂和不加助剂的处理相比都表现出了显著性差异。施药后第三天，0.3%苦参碱水剂加纳米助剂防效为 86.84%，1.5%除虫菊素水乳剂加助剂次之，为 86.82%，0.3%苦参碱水剂与 1.5%除虫菊素水乳剂防效无显著性差异。施药后第五天，0.3%苦参碱水剂加纳米助剂防效为 86.93%，1.5%除虫菊素水乳剂加纳米助剂防效为 79.61%，5%扑利旺可溶性液剂防效显著下降。施药后第七天，0.3%苦参碱水剂加纳米助剂防效为 84.26%，在 3 种植物源药剂中防效最高，不加纳米助剂的 0.3%苦参碱水剂次之，防效为 78.52%；施药后第十天，0.3%苦参碱水剂加纳米助剂防效为 76.85%，1.5%除虫菊素水乳剂加纳米助剂次之，防效为 69.88% (表 5-10)。

表 5-10　三种植物源药剂在不同处理下的防治效果

处理方式	校正防效（%）				
	1d	3d	5d	7d	10d
0.3%苦参碱水剂	57.17c	82.91a	78.56a	78.52a	65.53a
0.3%苦参碱水剂+纳米助剂	65.79b	86.84a	86.93a	84.26a	76.85a
1.5%除虫菊素水乳剂	84.92a	82.98a	79.39a	73.95a	63.76a
1.5%除虫菊素水乳剂+纳米助剂	86.52a	86.82a	79.61a	73.97a	69.88a
5%扑利旺可溶性液剂	46.64d	59.98b	13.59c	10.47c	5.50c
5%扑利旺可溶性液剂+纳米助剂	67.67b	62.15c	61.88b	49.79b	49.04b

注：表中同一列数字后字母相同表示差异不显著（$P<0.05$）。

第六章　非化学防治技术集成应用

第一节　芹菜非化学防治技术

一、露地芹菜非化学防治方法

露地芹菜主要病虫害非化学防治物质和方法见表6-1。

表6-1　露地芹菜主要病虫害非化学防治物质和方法

生育期	病虫种类	防治方法
育苗期	蚜虫	1.5%除虫菊素水乳剂或0.5%苦参碱水剂800~1 000倍液喷施
	立枯病、猝倒病	100~150倍氨基酸铜溶液灌根
		100亿CFU/g哈茨木霉菌可湿性粉剂200倍液喷雾
幼苗期	蚜虫	1.5%除虫菊素水乳剂或0.5%苦参碱水剂800~1 000倍液喷雾
		释放天敌（瓢虫、草蛉、食蚜蝇、小花蝽、蚜茧蜂等）
	灰霉病	500倍碳酸氢钠水溶液，每3d喷施一次，连喷5~6次
		2%氨基酸铜750倍，10~15d喷施一次，连喷2次
		200亿CFU/g枯草芽孢杆菌可湿性粉剂100倍液喷施
		100亿CFU/g哈茨木霉菌可湿性粉剂100~200倍液喷施
缓苗期	蚜虫	1.5%除虫菊素水乳剂或0.5%苦参碱水剂800~1 000倍液喷雾
		释放天敌（瓢虫、草蛉、食蚜蝇、小花蝽、蚜茧蜂等）
	蛞蝓	啤酒诱杀
		硫酸铁（3价铁离子）125~250kg/hm^2喷雾
	灰霉病	500倍碳酸氢钠水溶液，每3d喷施一次，连喷5~6次
		2%氨基酸铜750倍液，10~15d喷施一次，连喷2次

（续表）

生育期	病虫种类	防治方法
缓苗期	灰霉病	2 000 亿 CFU/g 枯草芽孢杆菌可湿性粉剂 100 倍液喷施
		100 亿 CFU/g 哈茨木霉菌可湿性粉剂 100 倍液喷施
	菌核病	500～800 倍高锰酸钾水溶液，每 7d 喷施一次，连喷 2～3 次
		2 000 亿 CFU/g 枯草芽孢杆菌可湿性粉剂 100 倍液喷施
	枯萎病	750 倍 2%氨基酸铜水溶液，10～15d 喷施一次，连喷 2 次
		5 亿 CFU/g 多黏类芽孢杆菌 KN-03 悬浮剂，每亩 3～4L，滴灌施药或随水冲施
蹲苗期	蚜虫	1.5%除虫菊素水乳剂或 0.5%苦参碱水剂 800～1 000 倍液喷雾
		释放天敌（瓢虫、草蛉、食蚜蝇、小花蝽、蚜茧蜂等）
	蛞蝓	啤酒诱杀
		硫酸铁（3 价铁离子）125～250kg/hm^2 喷雾
	菌核病	喷施 500～800 倍高锰酸钾水溶液，每 7d 喷施一次，连喷 2～3 次
	枯萎病	5 亿 CFU/g 多黏类芽孢杆菌 KN-03 悬浮剂，每亩 3～4L，滴灌施药或随水冲施
		1.2 亿芽孢/g 解淀粉芽孢杆菌 B1619 水分散粒剂，亩用量 15～20kg，撒施
	软腐病	500～800 倍高锰酸钾水溶液，每 7d 喷施一次，连喷 2～3 次
		750 倍 2%氨基酸铜水溶液，10～15d 喷施一次，连喷 2 次
		1 000 亿芽孢/g 枯草芽孢杆菌可湿性粉剂，亩用量 70～80g，喷雾施药
营养旺盛期	蚜虫	1.5%除虫菊素水乳剂或 0.5%苦参碱水剂 800～1 000 倍液喷雾
		释放天敌（瓢虫、草蛉、食蚜蝇、小花蝽、蚜茧蜂等）
	斑潜蝇	1.5%除虫菊素水乳剂或 0.5%苦参碱水剂 800～1 000 倍液喷雾
		肥皂液 300 倍
	蛞蝓	硫酸铁（3 价铁离子）125～250kg/hm^2 喷雾
		啤酒诱杀

（续表）

生育期	病虫种类	防治方法
营养生长旺盛期	蓟马	1.5%除虫菊素水乳剂或0.5%苦参碱水剂800～1 000倍液喷施
		释放捕食螨、小花蝽
		6%乙基多杀菌素悬浮剂300倍液喷施
	粉虱	1.5%除虫菊素水乳剂或0.5%苦参碱水剂800～1 000倍液喷雾+300倍竹醋液
		5% d-柠檬烯可溶液剂500倍液喷施
	茶黄螨、叶螨	5%鱼藤酮600～800倍液喷施
		释放捕食螨
	菌核病	喷施500～800倍高锰酸钾水溶液，每7d喷施一次，连喷2～3次
		100亿CFU/g枯草芽孢杆菌可湿性粉剂100倍液喷施
	根腐病	100～150倍2%氨基酸铜溶液灌根
		5亿CFU/g多黏类芽孢杆菌KN-03悬浮剂，每亩3～4L，滴灌施药或随水冲施
		1.2亿芽孢/g解淀粉芽孢杆菌B1619水分散粒剂，亩用量15～20kg，撒施
	斑枯病、叶斑病	750倍2%氨基酸铜水溶液，10～15d喷施一次，连喷2次
		6%春雷霉素可湿性粉剂300倍液喷施
	软腐病	500～800倍高锰酸钾水溶液，每7d喷施一次，连喷2～3次
		750倍2%氨基酸铜水溶液，10～15d喷施一次，连喷2次
		1 000亿芽孢/g枯草芽孢杆菌可湿性粉剂，亩用量70～80g，喷雾施药

二、保护地芹菜非化学防治方法

保护地芹菜主要病虫害非化学药剂防治方法见表6-2。

表 6-2　保护地芹菜主要病虫害非化学药剂防治方法

生育期	病虫种类	防治方法
育苗期	蚜虫	1.5%除虫菊素水乳剂或 0.5%苦参碱水剂 800~1 000 倍液喷雾
	立枯病、猝倒病	100~150 倍 2%氨基酸铜溶液灌根
		100 亿 CFU/g 哈茨木霉菌可湿性粉剂 200 倍液
幼苗期	蚜虫	1.5%除虫菊素水乳剂或 0.5%苦参碱水剂 800~1 000 倍液喷雾
		释放天敌（瓢虫、草蛉、食蚜蝇、小花蝽、蚜茧蜂等）
	灰霉病	500 倍碳酸氢钠水溶液，每 3d 喷施一次，连喷 5~6 次
		20% β-羽扇豆球蛋白多肽/BLAD 可溶液剂，亩用量 160~200mL，喷雾预防
		2 000 亿 CFU/g 枯草芽孢杆菌可湿性粉剂 100 倍液喷施
		100 亿 CFU/g 哈茨木霉菌可湿性粉剂 100~200 倍液喷施
缓苗期	蚜虫	1.5%除虫菊素水乳剂或 0.5%苦参碱水剂 800~1 000 倍液喷雾
		释放天敌（瓢虫、草蛉、食蚜蝇、小花蝽、蚜茧蜂等）
	蛞蝓	啤酒诱杀
		硫酸铁（3 价铁离子）125~250kg/hm^2 喷雾
	灰霉病	500 倍碳酸氢钠水溶液，每 3d 喷施一次，连喷 5~6 次
		2 000 亿 CFU/g 枯草芽孢杆菌可湿性粉剂，亩用量 20~30g，喷雾防治
		20% β-羽扇豆球蛋白多肽/BLAD 可溶液剂，亩用量 160~200mL，喷雾预防
		3%多抗霉素可湿性粉剂 300~500 倍液喷施
	菌核病	500~800 倍高锰酸钾水溶液，每 7d 喷施一次，连喷 2~3 次
		2 000 亿 CFU/g 枯草芽孢杆菌可湿性粉剂 100 倍液喷施
	枯萎病	5 亿 CFU/g 多黏类芽孢杆菌 KN-03 悬浮剂，每亩 3~4L，滴灌施药或随水冲施
		1.2 亿芽孢/g 解淀粉芽孢杆菌 B1619 水分散粒剂，亩用量 15~20kg，撒施
		高锰酸钾 300 倍液灌根

（续表）

生育期	病虫种类	防治方法
缓苗期	斑枯病、叶斑病	750倍2%氨基酸铜水溶液，10~15d喷施一次，连喷2次
		4%嘧啶核苷类抗菌素水剂300~500倍液喷施
蹲苗期	蚜虫	1.5%除虫菊素水乳剂或0.5%苦参碱水剂800~1 000倍液喷雾
		释放天敌（瓢虫、草蛉、食蚜蝇、小花蝽、蚜茧蜂等）
	蛞蝓	啤酒诱杀
		硫酸铁（3价铁离子）125~250kg/hm^2喷雾
	灰霉病	500倍碳酸氢钠水溶液，每3d喷施一次，连喷5~6次
		2亿孢子/g木霉菌可湿性粉剂，亩用量120~250g，喷雾施药
		2 000亿CFU/g枯草芽孢杆菌可湿性粉剂，亩用量20~30g，喷雾防治
		20% β-羽扇豆球蛋白多肽/BLAD可溶液剂，亩用量160~200mL，喷雾预防
	菌核病	500~800倍高锰酸钾水溶液，每7d喷施一次，连喷2~3次
		2 000亿CFU/g枯草芽孢杆菌可湿性粉剂100倍液喷施
	枯萎病	5亿CFU/g多黏类芽孢杆菌KN-03悬浮剂，每亩3~4L，滴灌施药或随水冲施
		1.2亿芽孢/g解淀粉芽孢杆菌B1619水分散粒剂，亩用量15~20kg，撒施
	软腐病	500~800倍高锰酸钾水溶液，每7d喷施一次，连喷2~3次
		750倍2%氨基酸铜水溶液，10~15d喷施一次，连喷2次
		1 000亿芽孢/g枯草芽孢杆菌可湿性粉剂，亩用量70~80g，喷雾施药
	线虫	20%辣根素悬浮剂50g/m^2熏蒸
		20%植物乙酸提取液400倍（新药剂）
营养生长旺盛期	灰霉病	500倍碳酸氢钠水溶液，每3d喷施一次，连喷5~6次
		750倍2%氨基酸铜水溶液，10~15d喷施一次，连喷2次
		2亿CFU/g木霉菌可湿性粉剂，亩用量120~250g，喷雾施药

（续表）

生育期	病虫种类	防治方法
营养生长旺盛期	灰霉病	2 000 亿 CFU/g 枯草芽孢杆菌可湿性粉剂，亩用量 20~30g，喷雾防治
		20% β-羽扇豆球蛋白多肽/BLAD 可溶液剂，亩用量 160~200mL，喷雾预防
	菌核病	500~800 倍高锰酸钾水溶液，每 7d 喷施一次，连喷 2~3 次
		2 000 亿 CFU/g 枯草芽孢杆菌可湿性粉剂喷施
	根腐病	100~150 倍 2%氨基酸铜溶液灌根
		高锰酸钾 300 倍液灌根
		5 亿 CFU/g 多黏类芽孢杆菌 KN-03 悬浮剂，每亩 3~4L，滴灌施药或随水冲施
		1.2 亿芽孢/g 解淀粉芽孢杆菌 B1619 水分散粒剂，亩用量 15~20kg，撒施
	斑枯病、叶斑病	750 倍 2%氨基酸铜溶液，10~15d 喷施一次，连喷 2 次
		6%春雷霉素可湿性粉剂 300 倍液喷施
	软腐病	500~800 倍高锰酸钾水溶液，每 7d 喷施一次，连喷 2~3 次
		750 倍氨基酸铜溶液，10~15d 喷施一次，连喷 2 次
		于发病前，使用 100 亿活孢子/g 枯草芽孢杆菌可湿性粉剂 1 000 倍液，茎基部喷淋或灌根施药，每隔 7d 施药一次，连续施药 2 次
	蚜虫	1.5%除虫菊素水乳剂或 0.5%苦参碱水剂 800~1 000 倍液喷雾
		释放天敌（瓢虫、草蛉、食蚜蝇、小花蝽、蚜茧蜂等）
	斑潜蝇	1.5%除虫菊素水乳剂或 0.5%苦参碱水剂 800~1 000 倍液喷雾
		生物肥皂液 300 倍液喷施
	蛞蝓	硫酸铁（3 价铁离子）125~250kg/hm^2 喷雾
		啤酒诱杀
	蓟马	1.5%除虫菊素水乳剂或 0.5%苦参碱水剂 800~1 000 倍液喷雾
		释放捕食螨

（续表）

生育期	病虫种类	防治方法
营养生长旺盛期	蓟马	6%乙基多杀菌素悬浮剂300倍液喷施
	粉虱	1.5%除虫菊素水乳剂或0.5%苦参碱水剂800~1 000倍液喷雾+300倍竹醋液
		5% d-柠檬烯可溶液剂500倍液喷施
	茶黄螨、叶螨	5%鱼藤酮600倍液喷施
		释放巴氏新小绥螨、胡瓜新小绥螨等防治茶黄螨；释放智利小植绥螨、加州新小绥螨防治叶螨
		6%乙基多杀菌素悬浮剂300倍液喷施
	线虫	20%辣根素悬浮剂50g/m^{2}熏蒸
		20%植物乙酸提取液400倍液

第二节 生菜非化学防治技术

一、露地生菜非化学防治方法

露地生菜主要病虫害非化学防治方法见表6-3。

表6-3 露地生菜主要病虫害非化学防治方法

生育期	病虫种类	防治方法
育苗期	蚜虫	1.5%除虫菊素水乳剂或0.5%苦参碱水剂800~1 000倍液喷雾
		释放天敌（瓢虫、草蛉、食蚜蝇、小花蝽、蚜茧蜂等）
	立枯病、猝倒病	1亿活芽孢/g枯草芽孢杆菌微囊粒剂，亩用量100g
		3亿CFU/g哈茨木霉菌可湿性粉剂3~6g/m^2，喷雾施药
幼苗期	蚜虫	1.5%除虫菊素水乳剂或0.5%苦参碱水剂800~1 000倍液喷雾
		释放天敌（瓢虫、草蛉、食蚜蝇、小花蝽、蚜茧蜂等）
	霜霉病	500~800倍高锰酸钾水溶液，每7d喷施一次，连喷2~3次
		1%蛇床子素水乳剂，亩用量150~200mL，喷雾施药

（续表）

生育期	病虫种类	防治方法
幼苗期	霜霉病	0.5%几丁聚糖水剂，按照亩用量 150mL，于发病前预防用药
		1.5%多抗霉素可湿性粉剂 100 倍液，喷雾施药
		80%乙蒜素乳油 5 000~6 000 倍液，喷雾施药
	灰霉病	500 倍碳酸氢钠水溶液，每 3d 喷施一次，连喷 5~6 次
		750 倍 2%氨基酸铜水溶液，10~15d 喷施一次，连喷 2 次
		2 亿孢子/g 木霉菌可湿性粉剂，亩用量 120~250g，喷雾施药
		2 000 亿 CFU/g 枯草芽孢杆菌可湿性粉剂，亩用量 20~30g，喷雾防治
		20% β-羽扇豆球蛋白多肽/BLAD 可溶液剂，亩用量 160~200mL，喷雾预防
		100 亿 CFU/g 哈茨木霉菌可湿性粉剂 100~200 倍液喷施
发棵期	蚜虫	1.5%除虫菊素水乳剂或 0.5%苦参碱水剂 800~1 000 倍液喷雾
		释放天敌（瓢虫、草蛉、食蚜蝇、小花蝽、蚜茧蜂等）
	蛞蝓	硫酸铁（3 价铁离子）125~250kg/hm² 喷雾
		啤酒诱杀
	霜霉病	500~800 倍高锰酸钾水溶液，每 7d 喷施一次，连喷 2~3 次
		1%蛇床子素水乳剂
		1.5%多抗霉素可湿性粉剂 100 倍液喷雾施药
		0.5%几丁聚糖水剂，按照亩用量 150mL，于发病前预防用药
	灰霉病	500 倍碳酸氢钠水溶液，每 3d 喷施一次，连续 5~6 次
		750 倍 2%氨基酸铜水溶液，10~15d 喷施一次，连喷 2 次
		2 亿孢子/g 木霉菌可湿性粉剂，亩用量 120~250g，喷雾施药
		2 000 亿 CFU/g 枯草芽孢杆菌可湿性粉剂，亩用量 20~30g，喷雾防治

（续表）

生育期	病虫种类	防治方法
发棵期	菌核病	500~800 倍高锰酸钾水溶液，每 7d 喷施一次，连喷 2~3 次
		2 000 亿 CFU/g 枯草芽孢杆菌可湿性粉剂 100 倍液喷施
	枯萎病	5 亿 CFU/g 多黏类芽孢杆菌 KN-03 悬浮剂，每亩 3~4L，滴灌施药或随水冲施
		1.2 亿芽孢/g 解淀粉芽孢杆菌 B1619 水分散粒剂，亩用量 15~20kg，撒施
	斑枯病、叶斑病	750 倍 2%氨基酸铜水溶液，10~15d 喷施一次，连喷 2 次
		6%春雷霉素可湿性粉剂 300 倍液喷施
成熟期	蚜虫	1.5%除虫菊素水乳剂或 0.5%苦参碱水剂 800~1 000 倍液喷雾
		释放天敌（瓢虫、草蛉、食蚜蝇、小花蝽、蚜茧蜂等）
	蛞蝓	硫酸铁（3 价铁离子）125~250kg/hm^2 喷雾
		啤酒诱杀
	霜霉病	500~800 倍高锰酸钾水溶液，每 7d 喷施一次，连续 2~3 次
		750 倍 2%氨基酸铜水溶液，10~15d 喷施一次，连喷 2 次
		1%蛇床子素水乳剂
		1.5%多抗霉素可湿性粉剂 100 倍液喷雾施药
		0.5%几丁聚糖水剂，按照亩用量 150mL，于发病前预防用药
		500 倍碳酸氢钠水溶液，每 3d 喷施一次，连喷 5~6 次
	灰霉病	750 倍 2%氨基酸铜溶液，10~15d 喷施一次，连喷 2 次
		2 亿孢子/g 木霉菌可湿性粉剂，亩用量 120~250g，喷雾施药
		2 000 亿 CFU/g 枯草芽孢杆菌可湿性粉剂，亩用量 20~30g，喷雾防治
	菌核病	喷施 500~800 倍高锰酸钾水溶液，每 7d 喷施一次，连喷 2~3 次
		2 000 亿 CFU/g 枯草芽孢杆菌可湿性粉剂 100 倍液喷施

（续表）

生育期	病虫种类	防治方法
成熟期	枯萎病	5亿 CFU/g 多黏类芽孢杆菌 KN-03 悬浮剂，每亩 3~4L，滴灌施药或随水冲施
		1.2亿芽孢/g 解淀粉芽孢杆菌 B1619 水分散粒剂，亩用量 15~20kg，撒施
	软腐病	500~800 倍高锰酸钾水溶液，每 7d 喷施一次，连喷 2~3 次
		于发病前，使用 100 亿活孢子/g 枯草芽孢杆菌可湿性粉剂 1 000 倍液，茎基部喷淋或灌根施药，每隔 7d 施药一次，连续施药 2 次
		3%中生菌素可湿性粉剂 300 倍液喷施

二、保护地生菜非化学防治方法

保护地生菜主要病虫害非化学防治方法见表 6-4。

表 6-4　保护地生菜主要病虫害非化学防治方法

生育期	病虫种类	防治方法
育苗期	蚜虫	1.5%除虫菊素水乳剂或 0.5%苦参碱水剂 800~1 000 倍液喷雾
		释放天敌（瓢虫、草蛉、食蚜蝇、小花蝽、蚜茧蜂等）
	立枯病、猝倒病	1亿活芽孢/g 枯草芽孢杆菌微囊粒剂，亩用量 100g
		3亿 CFU/g 哈茨木霉菌可湿性粉剂 3~6g/m^2，喷雾施药
幼苗期	蚜虫	1.5%除虫菊素水乳剂或 0.5%苦参碱水剂 800~1 000 倍液喷雾
		释放天敌（瓢虫、草蛉、食蚜蝇、小花蝽、蚜茧蜂等）
	霜霉病	500~800 倍高锰酸钾水溶液，每 7d 喷施一次，连喷 2~3 次
		1%蛇床子素水乳剂
		750 倍 2%氨基酸铜水溶液，10~15d 喷施一次，连喷 2 次
		1.5%多抗霉素可湿性粉剂 100 倍液喷雾施药
		0.5%几丁聚糖水剂，按照亩用量 150mL，于发病前预防用药

（续表）

生育期	病虫种类	防治方法
幼苗期	灰霉病	500倍碳酸氢钠水溶液，每3d喷施一次，连喷5~6次
		750倍2%氨基酸铜水溶液，10~15d喷施一次，连续2次
		2亿孢子/g木霉菌可湿性粉剂，亩用量120~250g，喷雾施药
		2 000亿CFU/g枯草芽孢杆菌可湿性粉剂，亩用量20~30g，喷雾防治
发棵期	蚜虫	1.5%除虫菊素水乳剂或0.5%苦参碱水剂800~1 000倍液喷雾
		释放天敌（瓢虫、草蛉、食蚜蝇、小花蝽、蚜茧蜂等）
	蛞蝓	硫酸铁（3价铁离子）125~250kg/hm^2喷雾
		啤酒诱杀
	霜霉病	500~800倍高锰酸钾水溶液，每7d喷施一次，连喷2~3次
		1%蛇床子素水乳剂
		750倍2%氨基酸铜水溶液，10~15d喷施一次，连喷2次
		1.5%多抗霉素可湿性粉剂100倍液喷施
		0.5%几丁聚糖水剂，按照亩用量150mL，于发病前预防用药
	灰霉病	500倍碳酸氢钠水溶液，每3d喷施一次，连喷5~6次
		750倍2%氨基酸铜水溶液，10~15d喷施一次，连喷2次
		2亿CFU/g木霉菌可湿性粉剂，亩用量120~250g，喷雾施药
		2 000亿CFU/g枯草芽孢杆菌可湿性粉剂，亩用量20~30g，喷雾防治
	菌核病	喷施500~800倍高锰酸钾水溶液，每7d喷施一次，连喷2~3次
		2 000亿CFU/g枯草芽孢杆菌可湿性粉剂100倍液喷施
	枯萎病	5亿CFU/g多黏类芽孢杆菌KN-03悬浮剂，每亩3~4L，滴灌施药或随水冲施
		1.2亿芽孢/g解淀粉芽孢杆菌B1619水分散粒剂，亩用量15~20kg，撒施

（续表）

生育期	病虫种类	防治方法
发棵期	黑斑	750 倍 2%氨基酸铜水溶液，10~15d 喷施一次，连喷 2 次
		6%春雷霉素可湿性粉剂 300 倍液喷施
		4%嘧啶核苷类抗菌素水剂 300~500 倍液喷施
成熟期	蚜虫	1.5%除虫菊素水乳剂或 0.5%苦参碱水剂 800~1 000 倍液喷雾
		释放天敌（瓢虫、草蛉、食蚜蝇、小花蝽、蚜茧蜂等）
	蛞蝓	硫酸铁（3 价铁离子）125~250kg/hm^2 喷雾
		啤酒诱杀
	霜霉病	500~800 倍高锰酸钾水溶液，每 7d 喷施一次，连喷 2~3 次
		750 倍氨基酸铜水溶液，10~15d 喷施一次，连喷 2 次
		1%蛇床子素水乳剂
		1.5%多抗霉素可湿性粉剂 100 倍液喷雾施药
		0.5%几丁聚糖水剂，按照亩用量 150mL，于发病前预防用药
	灰霉病	500 倍碳酸氢钠水溶液，每 3d 喷施一次，连续 5~6 次
		750 倍 2%氨基酸铜水溶液，10~15d 喷施一次，连续 2 次
		2 亿孢子/g 木霉菌可湿性粉剂，亩用量 120~250g，喷雾施药
		2 000 亿 CFU/g 枯草芽孢杆菌可湿性粉剂，亩用量 20~30g，喷雾防治
	菌核病	喷施 500~800 倍高锰酸钾水溶液，每 7d 喷施一次，连续 2~3 次
		2 000 亿 CFU/g 枯草芽孢杆菌可湿性粉剂 100 倍液
	枯萎病	750 倍氨基酸铜水溶液，10~15d 喷施一次，连续 2 次
		3%中生菌可湿性粉剂 300 倍液喷施
		5 亿 CFU/g 多黏类芽孢杆菌 KN-03 悬浮剂，每亩 3~4L，滴灌施药或随水冲施
		1.2 亿芽孢/g 解淀粉芽孢杆菌 B1619 水分散粒剂，亩用量 15~20kg，撒施
	软腐病	500~800 倍高锰酸钾水溶液，每 7d 喷施一次，连续 2~3 次

（续表）

生育期	病虫种类	防治方法
成熟期	软腐病	750 倍 2%氨基酸铜水溶液，10~15d 喷施一次，连喷 2 次
		于发病前，使用 100 亿活孢子/g 枯草芽孢杆菌可湿性粉剂 1 000 倍液，茎基部喷淋或灌根施药，每隔 7d 施药一次，连续施药 2 次

第三节　菠菜非化学防治技术

一、露地菠菜非化学防治方法

露地菠菜主要病虫害非化学防治方法见表 6-5。

表 6-5　露地菠菜主要病虫害非化学防治方法

生育期	病虫种类	防治方法
营养生长前期	蚜　虫	1. 5%除虫菊素水乳剂 800 倍喷雾，5d 施一次，连喷 2 次
		释放天敌（瓢虫、草蛉、食蚜蝇、小花蝽、蚜茧蜂等）
	潜叶蝇	1. 5%除虫菊素水乳剂或 0. 5%苦参碱水剂 800~1 000 倍液喷雾
		肥皂液 300 倍液
	霜霉病	500~800 倍高锰酸钾水溶液，每 7d 喷施一次，连喷 2~3 次
		1%蛇床子素水乳剂
		750 倍 2%氨基酸铜水溶液，10~15d 喷施一次，连喷 2 次
		1. 5%多抗霉素可湿性粉剂 100 倍液喷雾
		0. 5%几丁聚糖水剂，按照亩用量 150mL，于发病前预防用药
	病毒病	8%宁南霉素水剂叶片喷雾，每 10d 喷施一次，连喷 2 次
营养生长后期	蚜　虫	2%苦参碱水剂 600 倍液喷雾，每 5d 喷施一次，连喷 2 次
		释放天敌（瓢虫、草蛉、食蚜蝇、小花蝽、蚜茧蜂等）

（续表）

生育期	病虫种类	防治方法
营养生长后期	潜叶蝇	1.5%除虫菊素水乳剂 800~1 000 倍
		肥皂液 300 倍液
	霜霉病	500~800 倍高锰酸钾水溶液，每 7d 喷施一次，连喷 2~3 次
		1%蛇床子素水乳剂
		750 倍 2%氨基酸铜水溶液，10~15d 喷施一次，连喷 2 次
		1.5%多抗霉素可湿性粉剂 100 倍液喷雾
		0.5%几丁聚糖水剂，按照亩用量 150mL，于发病前预防用药
	病毒病	0.5%香菇多糖水剂 500 倍液，每 10d 喷施一次，连喷 2 次
		5%氨基寡糖素水剂
		6%寡糖·链蛋白可湿性粉剂

二、保护地菠菜非化学防治方法

保护地菠菜主要病虫害非化学防治方法见表 6-6。

表 6-6 保护地菠菜主要病虫害非化学防治方法

生育期	病虫种类	防治方法
苗期	霜霉病	500~800 倍高锰酸钾水溶液，每 7d 喷施一次，连喷 2~3 次
		750 倍 2%氨基酸铜水溶液，10~15d 喷施一次，连喷 2 次
		1.5%多抗霉素可湿性粉剂 100 倍液喷施
		0.5%几丁聚糖水剂，按照亩用量 150mL，于发病前预防用药
		500 倍碳酸氢钠水溶液，每 3d 喷施一次，连喷 5~6 次
	灰霉病	2 亿孢子/g 木霉菌可湿性粉剂，亩用量 120~250g，喷雾施药
		2 000 亿 CFU/g 枯草芽孢杆菌可湿性粉剂，亩用量 20~30g，喷雾防治
		750 倍 2%氨基酸铜水溶液，10~15d 喷施一次，连喷 2 次

（续表）

生育期	病虫种类	防治方法
营养生长前期	蚜虫	1.5%除虫菊素水乳剂800倍喷雾，5d喷施一次，连喷2次
		1.0%的苦参碱水剂800倍喷雾，5d喷施一次，连喷2次
		释放天敌（瓢虫、草蛉、食蚜蝇、小花蝽、蚜茧蜂等）
	潜叶蝇	1.5%除虫菊素水乳剂800~1 000倍液喷施
		肥皂液300倍液
	霜霉病	高锰酸钾500~800倍水溶液，每7d喷施一次，连喷2~3次
		1%蛇床子素水乳剂
		2%氨基酸铜750倍水溶液，10~15d喷施一次，连喷2次
		1.5%多抗霉素可湿性粉剂100倍液喷雾施药
		0.5%几丁聚糖水剂，按照亩用量150mL，于发病前预防用药
	病毒病	8%宁南霉素水剂叶片喷雾，10d喷施一次，连喷2次
		6%寡糖·链蛋白可湿性粉剂
		5%氨基寡糖素水剂
营养生长后期	蚜虫	1%苦参碱水剂600倍喷雾，5d喷施一次，连喷2次
		挂黄板
		释放天敌（瓢虫、草蛉、小花蝽、食蚜蝇、蚜茧蜂等）
	潜叶蝇	1.5%除虫菊素水乳剂800~1 000倍
		肥皂液300倍液
	霜霉病	500~800倍高锰酸钾水溶液，每7d喷施一次，连喷2~3次
		1%蛇床子素水乳剂
		750倍2%氨基酸铜水溶液，10~15d喷施一次，连喷2次
		0.5%几丁聚糖水剂，按照亩用量150mL，于发病前预防用药
		1.5%多抗霉素可湿性粉剂100倍液喷雾
	病毒病	0.5%香菇多糖水剂500倍液，每10d喷施一次，连喷2次
		6%寡糖·链蛋白可湿性粉剂

第四节 油菜非化学防治技术

一、露地油菜非化学防治方法

露地叶用油菜主要病虫害非化学防治方法见表6-7。

表6-7 露地叶用油菜主要病虫害非化学防治方法

生育期	病虫种类	防治方法
育苗期	蚜虫	1.5%天然除虫菊素800倍喷雾；每5d喷施一次，连喷2次 挂黄板 释放天敌（瓢虫、草蛉、食蚜蝇、小花蝽、蚜茧蜂等）
	跳甲	5%鱼藤酮水剂800倍液喷雾 黄板诱杀 32 000IU/mg苏云金杆菌（G033A）可湿性粉剂300倍液喷雾
	菜青虫	0.3%苦参碱水剂500~800倍液 100亿CFU/g苏云金杆菌可湿性粉剂 核型多角体病毒水分散粒剂 释放螟黄赤眼蜂
	立枯病	3亿CFU/g哈茨木霉菌可湿性粉剂4~6g/m^2，喷灌施药
幼苗期	蚜虫	1.5%天然除虫菊素800倍液喷雾，5d喷施一次，连喷2次 挂黄板 释放天敌（瓢虫、草蛉、食蚜蝇、小花蝽、蚜茧蜂等）
	跳甲	5%鱼藤酮水剂800倍液喷施 黄板诱杀 32 000IU/mg苏云金杆菌（G033A）可湿性粉剂300倍液喷施
	菜青虫	0.3%苦参碱水剂500~800倍液喷施 100亿CFU/g苏云金杆菌可湿性粉剂，30~50g/亩，喷施 核型多角体病毒水分散粒剂 释放螟黄赤眼蜂

（续表）

生育期	病虫种类	防治方法
发棵期	蚜虫	1.5%除虫菊素水乳剂800倍液喷雾，5d喷施一次，连喷2次
		挂黄板
		释放天敌（瓢虫、草蛉、食蚜蝇、小花蝽、蚜茧蜂等）
	跳甲	5%鱼藤酮800倍液喷施或施用跳甲的成虫诱杀剂
		黄板诱杀
		32 000IU/mg苏云金杆菌（G033A）可湿性粉剂300倍液喷施
		与非十字花科蔬菜轮作，轮作比例为（1∶1）~（2∶1）
	潜叶蝇	1.5%除虫菊素水乳剂1 000倍液喷雾，5d喷施一次，连续2次
		生物肥皂300倍液喷施
		100亿CFU/g苏云金杆菌可湿性粉剂，5d喷施一次，连续2次
	小菜蛾	小菜蛾颗粒体病毒悬浮剂
		小菜蛾性诱剂
		螟黄赤眼蜂，卵期释放，每亩地3万头，分3次释放
		0.3%印楝素乳油800~1 000倍液喷施
	菜青虫	0.3%苦参碱水剂500~800倍液喷施
		苏云金杆菌可湿性粉剂
		核型多角体病毒水分散粒剂
		释放螟黄赤眼蜂
	夜蛾	性诱剂
		斜纹夜蛾核型多角体病毒水分散粒剂
		乙基多杀菌素悬浮剂
	软腐病	500~800倍高锰酸钾水溶液，每7d喷施一次，连喷2~3次
		750倍2%氨基酸铜水溶液，10~15d喷施一次，连喷2次
		6%春雷霉素可湿性粉剂
	病毒病	0.5%香菇多糖水剂500倍液，每10d喷施一次，连喷2次
		5%氨基寡糖素水剂
		8%宁南霉素水剂500倍液叶片喷雾，每10d喷施一次，连喷2次

（续表）

生育期	病虫种类	防治方法
成熟期	蚜虫	2%苦参碱水剂 800 倍喷雾，每 5d 喷施一次，连喷 2 次
		1.5%天然除虫菊素 800 倍液喷雾，每 5d 喷施一次，连喷 2 次
		挂黄板
		释放天敌（瓢虫、草蛉、食蚜蝇、小花蝽、蚜茧蜂等）
	跳甲	5%鱼藤酮乙醇制剂 400 倍液喷雾，每 5d 喷施一次，连喷 2 次成虫诱杀剂
		32 000IU/mg 苏云金杆菌（G033A）可湿性粉剂 300 倍液喷雾
	潜叶蝇	1.5%除虫菊素水乳剂 1 000 倍液喷雾，每 5d 喷施一次，连喷 2 次
		生物肥皂 300 倍液
	小菜蛾	1.5%天然除虫菊素水乳剂 400 倍液喷雾，每 3d 喷施一次，连喷 2 次
		100 亿 CFU/g 苏云金杆菌可湿性粉剂，每 5d 喷施一次，连喷 2 次
		小菜蛾颗粒体病毒悬浮剂
		小菜蛾性诱剂
		释放螟黄赤眼蜂
	菜青虫	1.5%天然除虫菊素 400 倍液喷雾，每 3d 喷施一次，连喷 2 次
		100 亿 CFU/g 苏云金杆菌可湿性粉剂
		核型多角体病毒水分散粒剂
		释放螟黄赤眼蜂
	夜蛾	1.5%天然除虫菊素 400 倍液喷雾，3d 喷施一次，连喷 2 次
		斜纹夜蛾核型多角体病毒水分散粒剂
		6%乙基多杀菌素悬浮剂
	软腐病	500~800 倍高锰酸钾水溶液，每 7d 喷施一次，连喷 2~3 次
		750 倍 2%氨基酸铜水溶液，每 10~15d 喷施一次，连喷 2 次
		6%春雷霉素可湿性粉剂
		1 000 亿芽孢/g 枯草芽孢杆菌可湿性粉剂，亩用量 70~80g，喷雾施药
	病毒病	0.5%香菇多糖水剂 500 倍液叶片喷雾，每 10d 喷施一次，连喷 2 次

（续表）

生育期	病虫种类	防治方法
成熟期	病毒病	8%宁南霉素水剂 500 倍液叶片喷雾，10d 喷施一次，连喷 2 次
		5%氨基寡糖素水剂

二、保护地油菜非化学防治方法

保护地叶用油菜主要病虫害非化学防治方法见表 6-8。

表 6-8　保护地叶用油菜主要病虫害非化学防治方法

生育期	病虫种类	防治方法
育苗期	蚜虫	1.5%除虫菊素水乳剂 800 倍液喷雾，每 5d 喷施一次，连喷 2 次
		挂黄板
		释放天敌（瓢虫、草蛉、食蚜蝇、小花蝽、蚜茧蜂等）
	跳甲	5%鱼藤酮 800 倍液喷施
		32 000IU/mg 苏云金杆菌（G033A）可湿性粉剂 300 倍液喷施
	菜青虫	0.3%苦参碱水剂 500~800 倍液喷施
		100 亿 CFU/g 苏云金杆菌可湿性粉剂
		核型多角体病毒水分散粒剂
		释放螟黄赤眼蜂
	立枯病	3 亿 CFU/g 哈茨木霉菌可湿性粉剂 4~6g/m^2，喷灌施药
幼苗期	蚜虫	1.5%除虫菊素水乳剂 800 倍液喷雾，每 5d 喷施一次，连喷 2 次
		挂黄板
		释放天敌（瓢虫、草蛉、食蚜蝇、小花蝽、蚜茧蜂等）
	跳甲	5%鱼藤酮 800 倍液喷施
		32 000IU/mg 苏云金杆菌（G033A）可湿性粉剂 300 倍液喷施
	菜青虫	0.3%苦参碱水剂 500~800 倍液喷施
		100 亿 CFU/g 苏云金杆菌可湿性粉剂

（续表）

<table>
<tr><th>生育期</th><th>病虫种类</th><th>防治方法</th></tr>
<tr><td rowspan="4">幼苗期</td><td rowspan="2">菜青虫</td><td>核型多角体病毒水分散粒剂</td></tr>
<tr><td>释放螟黄赤眼蜂</td></tr>
<tr><td rowspan="2">菌核病</td><td>500~800 倍高锰酸钾水溶液，每 7d 喷施一次，连喷 2~3 次</td></tr>
<tr><td>2 000 亿 CFU/g 枯草芽孢杆菌可湿性粉剂 100 倍液喷施</td></tr>
<tr><td rowspan="22">发棵期</td><td rowspan="3">蚜虫</td><td>1. 5%除虫菊素水乳剂 800 倍液喷雾，每 5d 喷施一次，连喷 2 次</td></tr>
<tr><td>挂黄板</td></tr>
<tr><td>释放天敌（瓢虫、草蛉、食蚜蝇、小花蝽、蚜茧蜂等）</td></tr>
<tr><td rowspan="2">潜叶蝇</td><td>1. 5%除虫菊素水乳剂 1 000 倍液喷雾，每 5d 喷施一次，连喷 2 次</td></tr>
<tr><td>生物肥皂 300 倍液</td></tr>
<tr><td rowspan="6">小菜蛾</td><td>2 000 亿 CFU/g 苏云金杆菌可湿性粉剂，每 5d 喷施一次，连喷 2 次</td></tr>
<tr><td>小菜蛾颗粒体病毒悬浮剂</td></tr>
<tr><td>小菜蛾性诱剂</td></tr>
<tr><td>释放螟黄赤眼蜂</td></tr>
<tr><td>0. 5%依维菌素乳油</td></tr>
<tr><td>0. 3%印楝素乳油</td></tr>
<tr><td rowspan="4">菜青虫</td><td>0. 3%苦参碱水剂 500~800 倍液</td></tr>
<tr><td>2 000 亿 CFU/g 苏云金杆菌可湿性粉剂</td></tr>
<tr><td>核型多角体病毒水分散粒剂</td></tr>
<tr><td>释放螟黄赤眼蜂</td></tr>
<tr><td rowspan="3">夜蛾</td><td>性诱剂</td></tr>
<tr><td>斜纹夜蛾核型多角体病毒水分散粒剂</td></tr>
<tr><td>6%乙基多杀菌素悬浮剂</td></tr>
<tr><td rowspan="4">软腐病</td><td>500~800 倍高锰酸钾水溶液，每 7d 喷施一次，连喷 2~3 次</td></tr>
<tr><td>750 倍氨基酸铜水溶液，10~15d 喷施一次，连喷 2 次</td></tr>
<tr><td>6%春雷霉素可湿性粉剂</td></tr>
<tr><td>1 000 亿芽孢/g 枯草芽孢杆菌可湿性粉剂，亩用量 70~80g，喷雾施药</td></tr>
</table>

（续表）

生育期	病虫种类	防治方法
发棵期	菌核病	500~800倍高锰酸钾水溶液，每7d喷施一次，连喷2~3次
		2 000亿CFU/g枯草芽孢杆菌可湿性粉剂100倍液喷施
	病毒病	0.5%香菇多糖水剂500倍液，每10d喷施一次，连喷2次
		8%宁南霉素水剂500倍液叶片喷雾，10d喷施一次，连喷2次
		6%寡糖·链蛋白可湿性粉剂
成熟期	蚜虫	2%苦参碱水剂800倍液喷雾，每5d喷施一次，连喷2次
		1.5%除虫菊素水乳剂800倍液喷雾，5d喷施一次，连喷2次
		挂黄板
		释放天敌（瓢虫、草蛉、食蚜蝇、小花蝽、蚜茧蜂等）
	潜叶蝇	1.5%除虫菊素水乳剂1 000倍液喷雾，每5d喷施一次，连喷2次
		生物肥皂300倍液
	小菜蛾	1.5%除虫菊素水乳剂400倍液喷雾，每3d喷施一次，连喷2次
		2 000亿CFU/g苏云金杆菌可湿性粉剂，每5d喷施一次，连喷2次
		小菜蛾颗粒体病毒悬浮剂
		小菜蛾性诱剂
		释放螟黄赤眼蜂
	菜青虫	1.5%除虫菊素水乳剂400倍液喷雾，每3d喷施一次，连喷2次
		2 000亿CFU/g苏云金杆菌可湿性粉剂
		核型多角体病毒水分散粒剂
		释放螟黄赤眼蜂
	夜蛾	1.5%除虫菊素水乳剂400倍液喷雾，每3d喷施一次，连喷2次
		斜纹夜蛾核型多角体病毒水分散粒剂
		6%乙基多杀菌素悬浮剂
	软腐病	2 000亿CFU/g枯草芽孢杆菌可湿性粉剂200倍液茎基喷淋

（续表）

生育期	病虫种类	防治方法
成熟期	软腐病	500~800倍高锰酸钾水溶液，每7d喷施一次，连喷2~3次
		750倍氨基酸铜水溶液，10~15d喷施一次，连喷2次
		6%春雷霉素可湿性粉剂
		1 000亿芽孢/g枯草芽孢杆菌可湿性粉剂，亩用量70~80g，喷雾施药
	病毒病	0.5%香菇多糖水剂500倍液叶片喷雾，每10d喷施一次，连喷2次
		5%氨基寡糖素水剂
		8%宁南霉素水剂500倍液叶片喷雾，每10d喷施一次，连喷2次
	霜霉病	500~800倍高锰酸钾水溶液，每7d喷施一次，连喷2~3次
		1%蛇床子素水乳剂
		750倍2%氨基酸铜水溶液，10~15d喷施一次，连喷2次
		0.5%几丁聚糖水剂，按照亩用量150mL，于发病前预防用药
		1.5%多抗霉素可湿性粉剂100倍液喷雾施药
	菌核病	500~800倍高锰酸钾水溶液，每7d喷施一次，连喷2~3次
		2 000亿CFU/g枯草芽孢杆菌可湿性粉剂100倍液喷施

第五节　快菜非化学防治技术

一、露地快菜非化学防治方法

露地快菜主要病虫害非化学防治方法见表6-9。

表6-9　露地快菜主要病虫害非化学防治方法

生育期	病虫种类	防治方法
苗期	蚜虫	1%苦参碱乙醇水剂1 000倍液喷雾

（续表）

生育期	病虫种类	防治方法
苗期	蚜虫	1.5%除虫菊素水乳剂800倍液喷雾，每5d喷施一次，连喷2次
		挂黄板
		释放天敌（瓢虫、草蛉、食蚜蝇、小花蝽、蚜茧蜂等）
	跳甲	5%鱼藤酮乙醇制剂400倍液喷雾，每5d喷施一次，连喷2次
		用黄板诱杀成虫
		32 000IU/mg苏云金杆菌（G033A）可湿性粉剂
	菜青虫	1.5%除虫菊素水乳剂800倍液喷雾，每5d喷施一次，连喷2次
		苏云金杆菌可湿性粉剂
	立枯病	3亿CFU/g哈茨木霉菌可湿性粉剂4~6g/m^2喷施
营养生长前期	蚜虫	1.5%除虫菊素水乳剂800倍液喷雾，每5d喷施一次，连喷2次
		挂黄板
		释放天敌（瓢虫、草蛉、食蚜蝇、小花蝽、蚜茧蜂等）
	跳甲	5%鱼藤酮乙醇制剂400倍液喷雾，每5d喷施一次，连喷2次
		用黄色粘虫板诱杀成虫
		32 000IU/mg苏云金杆菌（G033A）可湿性粉剂
	潜叶蝇	1.5%除虫菊素水乳剂1 000倍液喷雾，每5d喷施一次，连喷2次
		生物肥皂300倍液
	小菜蛾	小菜蛾性诱剂
		60g/L乙基多杀菌素悬浮剂2 500倍液，喷雾施药一次
		苏云金杆菌可湿性粉剂，每5d喷施一次，连喷2次
		小菜蛾颗粒体病毒悬浮剂
	菜青虫	1.5%除虫菊素水乳剂800倍液喷雾，每5d喷施一次，连喷2次
		苏云金杆菌可湿性粉剂
		核型多角体病毒水分散粒剂

（续表）

生育期	病虫种类	防治方法
营养生长前期	菜青虫	螟黄赤眼蜂
	软腐病	750 倍 2%氨基酸铜水溶液，10~15d 喷施一次，连喷 2 次
		6%春雷霉素可湿性粉剂
		1 000 亿芽孢/g 枯草芽孢杆菌可湿性粉剂，亩用量 70~80g，喷雾施药
		0.5%香菇多糖水剂叶片喷雾，每 10d 喷施一次，连喷 2 次
	病毒病	8%宁南霉素水剂叶片喷雾，每 10d 喷施一次，连喷 2 次
		6%寡糖・链蛋白可湿性粉剂
营养生长后期	蚜虫	2%苦参碱水剂 800 倍液喷雾，每 5d 喷施一次，连喷 2 次
		1.5%天然除虫菊素 800 倍液喷雾，每 5d 喷施一次，连喷 2 次
		挂黄板
		释放天敌（瓢虫、草蛉、食蚜蝇、小花蝽、蚜茧蜂等）
	潜叶蝇	1.5%除虫菊素水乳剂 1 000 倍液喷雾，每 5d 喷施一次，连喷 2 次
		生物肥皂 300 倍液
	小菜蛾	乙基多杀菌素悬浮剂 2 500 倍液喷雾施药一次
		2 000 亿 CFU/g 苏云金杆菌可湿性粉剂，每 5d 喷施一次，连喷 2 次
		小菜蛾颗粒体病毒悬浮剂
		小菜蛾性诱剂
	菜青虫	1.5%除虫菊素水乳剂 400 倍液喷雾，每 3d 喷一次，连喷 2 次
		苏云金杆菌可湿性粉剂
		核型多角体病毒水分散粒剂
		释放螟黄赤眼蜂
	软腐病	100 亿活孢子/g 枯草芽孢杆菌可湿性粉剂喷雾，每 7d 喷施一次，连喷 2 次
		500~800 倍高锰酸钾水溶液，每 7d 喷施一次，连喷 2~3 次
		750 倍 2%氨基酸铜水溶液，10~15d 喷施一次，连喷 2 次

（续表）

生育期	病虫种类	防治方法
营养生长后期	软腐病	6%春雷霉素可湿性粉剂
	病毒病	0.5%香菇多糖水剂叶片喷雾，每 10d 喷施一次，连喷 2 次
		5%氨基寡糖素水剂
		8%宁南霉素水剂叶片喷雾，每 10d 喷施一次，连喷 2 次

二、保护地快菜非化学防治方法

保护地快菜主要病虫害非化学防治方法见表 6-10。

表 6-10　保护地快菜主要病虫害非化学防治方法

生育期	病虫种类	防治方法
苗期	蚜虫	1%苦参碱乙醇水剂 1 000 倍液喷雾
		1.5%除虫菊素水乳剂 800 倍液喷雾，每 5d 喷施一次，连喷 2 次
		挂黄板
		释放天敌（瓢虫、草蛉、食蚜蝇、小花蝽、蚜茧蜂等）
	跳甲	5%鱼藤酮乙醇制剂 400 倍液喷雾，每 5d 喷施一次，连喷 2 次
		用黄色粘虫板诱杀成虫
		32 000IU/mg 苏云金杆菌（G033A）可湿性粉剂
	菜青虫	1.5%除虫菊素 400 倍液喷雾，每 3d 喷施一次，连喷 2 次
		苏云金杆菌可湿性粉剂
		核型多角体病毒水分散粒剂
	霜霉病	500~800 倍高锰酸钾水溶液，每 7d 喷施一次，连喷 2~3 次
		750 倍 2%氨基酸铜水溶液，10~15d 喷施一次，连喷 2 次
		1%蛇床子素水乳剂
		0.5%几丁聚糖水剂，按照亩用量 150mL，于发病前预防用药
		1.5%多抗霉素可湿性粉剂 100 倍液喷雾施药

（续表）

生育期	病虫种类	防治方法
营养生长前期	蚜虫	1.5%除虫菊素水乳剂800倍液喷雾，每5d喷施一次，连喷2次
		挂黄板
		释放天敌（瓢虫、草蛉、食蚜蝇、小花蝽、蚜茧蜂等）
	跳甲	5%鱼藤酮乙醇制剂400倍液喷雾，每5d喷施一次，连喷2次
		用黄色粘虫板诱杀成虫
		32 000IU/mg苏云金杆菌（G033A）可湿性粉剂
	潜叶蝇	1.5%除虫菊素水乳剂1 000倍液喷雾，每5d喷施一次，连喷2次
		生物肥皂300倍液
	小菜蛾	60g/L乙基多杀菌素悬浮剂2 500倍液喷雾，施药一次
	霜霉病	500~800倍高锰酸钾水溶液，每7d喷施一次，连喷2~3次
		750倍2%氨基酸铜水溶液，10~15d喷施一次，连喷2次
		1%蛇床子素水乳剂
		0.5%几丁聚糖水剂，按照亩用量150mL，于发病前预防用药
		1.5%多抗霉素可湿性粉剂100倍液，喷雾施药
	软腐病	100亿活孢子/g枯草芽孢杆菌可湿性粉剂喷雾，每7d喷施一次，连喷2次
		500~800倍高锰酸钾水溶液，每7d喷施一次，连喷2~3次
		750倍2%氨基酸铜水溶液，10~15d喷施一次，连喷2次
		6%春雷霉素可湿性粉剂
	病毒病	0.5%香菇多糖水剂叶片喷雾，每10d喷施一次，连喷2次
		8%宁南霉素水剂叶片喷雾，每10d喷施一次，连喷2次
		5%氨基寡糖素水剂

（续表）

生育期	病虫种类	防治方法
营养生长后期	蚜虫	2%苦参碱水剂 800 倍液喷雾，每 5d 喷施一次，连喷 2 次
		1.5%除虫菊素水乳剂 800 倍液喷雾，每 5d 喷施一次，连喷 2 次
		挂黄板
		释放天敌（瓢虫、草蛉、食蚜蝇、小花蝽、蚜茧蜂等）
	跳甲	5%鱼藤酮乙醇制剂 400 倍液喷雾；每 5d 喷施一次，连喷 2 次
		用黄色粘虫板诱杀成虫
		32 000IU/mg 苏云金杆菌（G033A）可湿性粉 300 倍液喷施
	潜叶蝇	1.5%除虫菊素水乳剂 1 000 倍液喷雾，每 5d 喷施一次，连喷 2 次
		生物肥皂 300 倍液
	小菜蛾	60g/L 乙基多杀菌素悬浮剂 2 500 倍液，喷雾施药一次
	蛞蝓	啤酒或啤酒酵母液诱杀
	霜霉病	500~800 倍高锰酸钾水溶液，每 7d 喷施一次，连喷 2~3 次
		1%蛇床子素水乳剂
		750 倍 2%氨基酸铜水溶液，10~15d 喷施一次，连喷 2 次
		0.5%几丁聚糖水剂，按照亩用量 150mL，于发病前预防用药
		1.5%多抗霉素可湿性粉剂 100 倍液喷雾施药
	软腐病	100 亿活孢子/g 枯草芽孢杆菌可湿性粉剂喷雾，每 7d 喷施一次，连喷 2 次
		500~800 倍高锰酸钾水溶液，每 7d 喷施一次，连喷 2~3 次
		750 倍 2%氨基酸铜水溶液，10~15d 喷施一次，连喷 2 次
		6%春雷霉素可湿性粉剂
	病毒病	0.5%香菇多糖水剂叶片喷雾，每 10d 喷施一次，连续 2 次
		6%寡糖·链蛋白可湿性粉剂
		8%宁南霉素水剂叶片喷雾，每 10d 喷施一次，连续 2 次
		5%氨基寡糖素水剂

第六节 韭菜非化学防治技术

一、露地韭菜非化学防治方法

露地韭菜主要病虫害非化学防治方法见表6-11。

表6-11 露地韭菜主要病虫害非化学防治方法

生育期	病虫种类	防治方法
营养生长前期	葱蓟马	1.5%除虫菊素水乳剂或0.5%苦参碱水剂800~1 000倍液喷施
		释放巴氏新小绥螨、胡瓜新小绥螨、剑毛帕厉螨、小花蝽
		6%乙基多杀菌素悬浮剂300倍液喷施
	迟眼蕈蚊	5%鱼藤酮乙醇制剂400倍液喷雾，每5d喷施一次，连续2次
		韭菜萌发前，起土翻晒晾根，干死幼虫
		释放剑毛帕厉螨于作物根部
	潜叶蝇	1.5%除虫菊素水乳剂1 000倍液喷雾，每5d喷施一次，连喷2次
		生物肥皂300倍液
	灰霉病	500倍碳酸氢钠水溶液，每3d喷施一次，连喷5~6次
		750倍2%氨基酸铜水溶液，10~15d喷施一次，连喷2次
		2 000亿CFU/g枯草芽孢杆菌可湿性粉剂100倍液喷施
		100亿CFU/g哈茨木霉菌可湿性粉剂100倍液喷施
	疫病	100万CFU/g寡雄腐霉菌可湿性粉剂
		4%嘧啶核苷类抗菌素水剂
		6%寡糖·链蛋白可湿性粉剂
		5%氨基寡糖素水剂
	菌核病	500~800倍高锰酸钾水溶液，每7d喷施一次，连喷2~3次
		2 000亿CFU/g枯草芽孢杆菌可湿性粉剂100倍液

（续表）

生育期	病虫种类	防治方法
营养生长前期	茎枯病	收获后及时清洁田园，集中烧毁，然后扒根晒盘1~2d
		100亿CFU/g哈茨木霉菌可湿性粉剂100倍液喷施
		枯草芽孢杆菌可湿性粉剂
营养生长后期	葱蓟马	2%苦参碱水剂800倍液喷雾，每5d喷施一次，连续2次
		1.5%除虫菊素800倍液喷雾，每5d喷施一次，连续2次
		释放巴氏新小绥螨、胡瓜新小绥螨、剑毛帕厉螨、小花蝽
	迟眼蕈蚊	冬灌或春灌减少幼虫数量
		5%鱼藤酮乙醇制剂400倍液喷雾，每5d喷施一次，连续2次
		释放剑毛帕厉螨于作物根部
	潜叶蝇	1.5%除虫菊素水乳剂1 000倍液喷雾，每5d喷施一次，连续2次
		生物肥皂300倍液
		60g/L乙基多杀菌素悬浮剂2 500倍液喷雾施药一次
	灰霉病	碳酸氢钠500倍水溶液，每3d喷施一次，连续5~6次
		2%氨基酸铜水溶液750倍，10~15d喷施一次，连喷2次
		2 000亿CFU/g枯草芽孢杆菌可湿性粉剂100倍液
		100亿CFU/g哈茨木霉菌可湿性粉剂100倍液
	疫病	4%嘧啶核苷类抗菌素水剂
	软腐病	100亿活孢子/g枯草芽孢杆菌可湿性粉剂喷雾，每7d喷施一次，连喷2次
		500~800倍高锰酸钾水溶液，每7d喷施一次，连喷2~3次
		750倍2%氨基酸铜水溶液，10~15d喷施一次，连续2次
		6%春雷霉素可湿性粉剂
	病毒病	0.5%香菇多糖水剂叶片喷雾，每10d喷施一次，连喷2次
		8%宁南霉素水剂叶片喷雾，每10d喷施一次，连喷2次
		6%寡糖·链蛋白可湿性粉剂
	菌核病	500~800倍高锰酸钾水溶液，每7d喷施一次，连喷2~3次
		2 000亿CFU/g枯草芽孢杆菌可湿性粉剂100倍液

（续表）

生育期	病虫种类	防治方法
营养生长后期	茎枯病	收获后及时清洁田园，集中烧毁，然后扒根晒盘 1~2d
		哈茨木霉菌可湿性粉剂
		枯草芽孢杆菌可湿性粉剂

二、保护地韭菜非化学防治方法

保护地韭菜主要病虫害非化学防治方法见表 6-12。

表 6-12　保护地韭菜主要病虫害非化学防治方法

生育期	病虫种类	防治方法
营养生长前期	葱蓟马	1.5%除虫菊素水乳剂 800 倍液喷雾，每 5d 喷施一次，连喷 2 次
		挂黄板
		释放剑毛帕厉螨于作物根部；释放巴氏新小绥螨、剑毛帕厉螨、胡瓜新小绥螨、小花蝽于叶部
	迟眼蕈蚊	5%鱼藤酮乙醇制剂 400 倍液喷雾，每 5d 喷施一次，连喷 2 次
		释放剑毛帕厉螨于作物根部
	潜叶蝇	60g/L 乙基多杀菌素悬浮剂 2 500 倍液喷雾施药一次
		1.5%除虫菊素水乳剂 800 倍液喷雾，每 5d 喷施一次，连喷 2 次
	灰霉病	100 亿活孢子/g 枯草芽孢杆菌可湿性粉剂喷雾，每 7d 喷施一次，连喷 2 次
		500 倍碳酸氢钠水溶液，每 3d 喷施一次，连喷 5~6 次
		750 倍 2%氨基酸铜水溶液，10~15d 喷施一次，连喷 2 次
		2 000 亿 CFU/g 枯草芽孢杆菌可湿性粉剂 100 倍液喷施
		100 亿 CFU/g 哈茨木霉菌可湿性粉剂 100 倍液喷施
	疫病	4%嘧啶核苷类抗菌素水剂
	软腐病	100 亿活孢子/g 枯草芽孢杆菌可湿性粉剂喷雾，每 7d 喷施一次，连喷 2 次
		500~800 倍高锰酸钾水溶液，每 7d 喷施一次，连续 2~3 次

（续表）

生育期	病虫种类	防治方法
营养生长前期	软腐病	750 倍 2%氨基酸铜水溶液，10~15d 喷施一次，连喷 2 次 6%春雷霉素可湿性粉剂
	病毒病	0.5%香菇多糖水剂叶片喷雾，每 10d 喷施一次，连喷 2 次 8%宁南霉素水剂叶片喷雾，每 10d 喷施一次，连喷 2 次 6%寡糖·链蛋白可湿性粉剂
	菌核病	500~800 倍高锰酸钾水溶液，每 7d 喷施一次，连喷 2~3 次 2 000 亿 CFU/g 枯草芽孢杆菌可湿性粉剂 100 倍液
	茎枯病	哈茨木霉菌可湿性粉剂 枯草芽孢杆菌可湿性粉剂
营养生长后期	葱蓟马	2%苦参碱水剂 800 倍喷雾，每 5d 喷施一次，连喷 2 次 1.5%除虫菊素 800 倍喷雾，每 5d 喷施一次，连喷 2 次 释放巴氏新小绥螨、胡瓜新小绥螨、剑毛帕厉螨、小花蝽
	迟眼蕈蚊	释放剑毛帕厉螨于作物根部 5%鱼藤酮乙醇制剂 400 倍液喷雾，每 5d 喷施一次，连喷 2 次
	潜叶蝇	1.5%除虫菊素水乳剂 800 倍液 60g/L 乙基多杀菌素悬浮剂 2 500 倍液喷雾施药一次
	灰霉病	500 倍碳酸氢钠水溶液，每 3d 喷施一次，连喷 5~6 次 750 倍 2%氨基酸铜水溶液，10~15d 喷施一次，连喷 2 次 2 000 亿 CFU/g 枯草芽孢杆菌可湿性粉剂 100 倍液喷施 100 亿 CFU/g 哈茨木霉菌可湿性粉剂 100 倍液喷施
	疫病	4%嘧啶核苷类抗菌素水剂
	软腐病	100 亿活孢子/g 枯草芽孢杆菌可湿性粉剂喷雾，每 7d 喷施一次，连喷 2 次 750 倍 2%氨基酸铜水溶液，10~15d 喷施一次，连喷 2 次 6%春雷霉素可湿性粉剂
	病毒病	0.5%香菇多糖水剂叶片喷雾，每 10d 喷施一次，连喷 2 次 6%寡糖·链蛋白可湿性粉剂 8%宁南霉素水剂叶片喷雾，每 10d 喷施一次，连喷 2 次 5%氨基寡糖素水剂

（续表）

生育期	病虫种类	防治方法
营养生长后期	菌核病	500~800倍高锰酸钾水溶液，每7d喷施一次，连喷2~3次
		2 000亿CFU/g枯草芽孢杆菌可湿性粉剂100倍液
	茎枯病	收获后及时清洁田园，集中烧毁，然后扒根晒盘1~2d
		哈茨木霉菌可湿性粉剂
		枯草芽孢杆菌可湿性粉剂

附录　建立以病虫害控制为核心的良好操作技术规程——韭菜案例

设施韭菜生产良好操作技术规范

1　范围

本标准规定了有机韭菜生产的产地环境、生产技术、污染控制、采收等方面的要求。

本标准适用于北京地区保护设施的韭菜生产良好操作。

2　引用标准

下列文件对于本文件的应用是必不可少的。凡是注日期的引用文件，仅注日期的版本适用于本文件。凡是不注日期的引用文件，其最新版本（包括所有的修改单）适用于本文件。

GB 2762　食品安全国家标准　食品污染物限量

GB 2763　食食品安全国家标准　食品中农药最大残留限量

GB 3095　环境空气质量标准

GB 5084　农田灌溉水质标准

GB/T 8321（所有部分）　农药合理使用准则

GB 15618　土壤环境质量　农用地土壤污染风险管控标准（试行）

GB/T 19630　有机产品生产、加工、标识和管理体系的要求

NY/T 761　蔬菜和水果中有机磷、有机氯、拟除虫菊酯和氨

基甲酸酯类农药多残留的测定

3 术语和定义

下列术语和定义适用于本标准。

3.1 保护设施 protective facility

在不适宜植物生长发育的寒冷、高温、多雨季节，人为创造适宜植物生长发育的微环境所采用的定型设施。

3.2 有机韭菜 organic chives

按照有机生产方式生产、处理和销售的韭菜。

3.3 中等肥力土壤

含碱解氮（N）80~100mg/kg，有效磷（P_2O_5）60~80mg/kg，速效钾（K_2O）100~150mg/kg 的土壤。

3.4 高肥力土壤

含碱解氮在 100mg/kg 以上，有效磷在 80mg/kg 以上，速效钾在 180mg/kg 以上的土壤。

4 产地环境

4.1 生产基地应选择边界清晰，生态环境良好，地势高燥，排灌方便，地下水位较低，土层深厚、疏松、肥沃的地块。

4.2 生产基地应远离城区、工矿区、交通主干线、工业污染源、生活垃圾场等。

4.3 生产基地内的环境质量应符合以下要求：

（1）土壤环境质量符合 GB 15618 的规定；

（2）农田灌溉用水水质符合 GB 5084 的规定；

（3）环境空气质量符合 GB 3095 的规定。

5 生产管理措施

5.1 前茬

前茬非葱与韭菜。

5.2　播种育苗

5.2.1　品种选择

选用抗病虫、抗寒、耐热、分株力强、外观和内在品质好的品种。日光温室秋冬连续生产应选用休眠期短的品种，如791宽叶雪韭及类似品种。

5.2.2　种子质量

符合GB 8079中的二级要求。

5.2.3　种子处理

可用干籽直播（春播为主），也可用40℃温水浸种12h，除去枇籽合杂质，将种子上的黏液洗净后催芽。

5.2.4　催芽

将浸好的种子用湿布包好放在16~20℃的条件下催芽，每天用清水冲洗1~2次，60%种子露白尖即可播种。

5.2.5　穴盘育苗

选用128孔或72孔穴盘，2月上旬温室播种，每穴播种10~15粒，播种时每穴的种子均匀散开播于穴中。每亩用苗6 000~8 000穴，128孔穴盘每亩用盘70盘，72孔穴盘每亩用盘120盘。普通温室育苗，需要加小拱棚。

5.3　定植

5.3.1　整地、施肥、作畦

根据温室的茬口，在4—5月均可整地，同时施入腐熟的有机肥，旋耕两遍使有机肥充分与土壤混合。

按东西向拉线，1.33~1.5m宽作成平高畦，根据温室的跨度进行安排，也可以为不等宽的平高畦。畦高15cm左右，畦面1~1.2m，铺设滴灌袋2~3条。

5.3.2　定植

穴盘播后1~2个月期间均可定植，如果等待茬口净地，苗龄还可以再长些。长苗龄苗以72孔穴盘苗为佳。根据温室内畦面的宽度，定植 4~5 行，行距 30cm 左右，株距 25cm。每亩 6 000~8 000 穴。可以挖穴定植，也可以开沟定植，开沟定植的定植深度与沟平即可。

如果 4 月上旬定植，棚膜需保存至 4 月下旬或 5 月上旬撤膜，变成露地，5 月定植可以露天定植。定植后注意除草、浇水、防涝、防虫等工作。

5.4 水肥管理

5.4.1 灌溉

定植后浇水，水务必均匀到位，第一次水每穴苗均需浇到，不能漏浇，定植水需浇大水。以后根据土壤湿度，适时浇水，保持土壤湿润。

天气转凉，应停止浇水，封冻前浇一次冻水。进入 10 月植株开始回秧，不再浇水、施肥。11 月地上部干枯。

5.4.2 施肥

5.4.2.1 施肥原则

施用的肥料品种应符合有机产品标准规定，有机肥达到无害化卫生要求。

施肥量的取舍以土壤养分测定分析结果、蔬菜作物需肥规律和肥料效应为基础确定，最高无机氮素养分施用限量为 16kg/亩。中等肥力以上土壤，磷钾肥施用量以维持土壤平衡为准。在高肥力土壤，以有机肥料为主。

禁用不明来源的有机肥。

5.4.2.2 施肥方法

底肥：选用腐熟牛粪、羊粪有机肥，有机肥每亩施用 12~20m^3。

追肥：结合浇水每亩追施有机来源氮肥（N）3kg（例如复合氨基酸 8kg）。立秋后，结合浇水追肥 2 次，每次每亩追施有机氮肥 4 kg（例如复合氨基酸肥料 10kg）。

三刀收后，当韭菜长到 10cm 时，施腐熟圈肥 3 000~4 000kg/

亩或腐熟鸡粪 500~1 000kg/亩。并顺韭菜沟培土 2~3cm 高。

6 病虫害防治

主要病虫害：虫害以韭蛆、潜叶蝇、蓟马为主；病害以灰霉病、疫病、霜霉病等为主。

6.1 农业防治

选择土壤肥力和有机质含量高且排水良好的土壤；选用牛粪、羊粪和兔粪等有腐熟机肥；避免使用鸡粪、禽粪等容易招来韭蛆的肥料。

6.2 物理防治

糖酒液诱杀：按糖：醋：酒：水=3：3：1：10 配成溶液，每亩放置 1~3 盆，随时添加，保持不干，诱杀种蝇类害虫。

6.3 生物防治

释放捕食螨防治韭蛆、蓟马等害虫。防治韭蛆选用剑毛帕厉螨，土壤中撒放，释放量为每亩 30 万头，释放 3 次。防治蓟马选用巴氏新小绥螨和剑毛帕厉螨，作物上撒放巴氏新小绥螨，释放量为每亩 30 万头，释放 3 次；作物根部释放剑毛帕厉螨，释放量为每亩 30 万头，释放 2 次。

6.4 药剂防治

6.4.1 病害的防治

6.4.1.1 灰霉病

（1）100 亿活孢子/g 枯草芽孢杆菌可湿性粉剂 100 倍液喷雾，每 7d 喷施一次，连喷 2 次。

（2）500 倍碳酸氢钠水溶液，每 3d 喷施一次，连喷 5~6 次。

（3）750 倍氨基酸铜水溶液，10~15d 喷施一次，连喷 2 次。

（4）100 亿 CFU/g 哈茨木霉菌可湿性粉剂 100 倍液。

6.4.1.2 疫病

（1）100 万 CFU/g 寡雄腐霉菌可湿性粉剂 300 倍液。

（2）750 倍氨基酸铜水溶液，10~15d 喷施一次，连喷 2 次。

（3）4%嘧啶核苷类抗菌素水剂200倍液。

6.4.1.3　软腐病

（1）100亿CFU/g枯草芽孢杆菌可湿性粉剂喷雾，每7d喷施一次，连喷2次。

（2）500~800倍高锰酸钾水溶液，每7d喷施一次，连喷2~3次。

（3）750倍氨基酸铜水溶液，10~15d喷施一次，连喷2次。

6.4.1.4　菌核病

（1）100亿CFU/g枯草芽孢杆菌可湿性粉剂100倍液。

（2）喷施500~800倍高锰酸钾水溶液，每7d喷施一次，连喷2~3次。

6.4.2　害虫的防治

6.4.2.1　韭蛆

（1）5%鱼藤酮乙醇制剂400倍液喷雾，每5d喷施一次，连喷2次。

（2）释放剑毛帕厉螨。

（3）100亿CFU/g枯草芽孢杆菌100倍灌根。

6.4.2.2　潜叶蝇

（1）6%乙基多杀菌素悬浮剂2 500倍液喷雾，施药1~2次。

（2）1.5%天然除虫菊素800倍喷雾，每5d喷施一次，连喷2次。

6.4.2.3　蓟马

（1）1.5%天然除虫菊素800倍喷雾，每5d喷施一次，连喷2次。

（2）释放天敌（捕食螨、瓢虫、草蛉、食蚜蝇、小花蝽、蚜茧蜂等）。

（3）挂蓝板诱杀成虫。

7　采收、包装、标识、贮藏和运输

7.1　采收

7.1.1　收割的时间

植株高度30cm左右、2~3片叶时就可以收获。收割季节主要在春秋两季，夏季一般不收割。

韭菜适于晴天清晨收割，收割时刀口距地面2~4cm，割口应整齐一致。两次收割时间间隔应在30d左右。

7.1.2　收割后的管理

每次收割后，把韭茬挠一遍，周边土锄松，待2~3d后韭菜伤口愈合、新叶快出时进行浇水、追肥，每亩施腐熟粪肥400kg，同时加施有机碳肥。从第二年开始，每年需进行一次培土，以解决韭菜跳根问题。

7.2　包装、标识、贮藏和运输

包装、标识、贮藏和运输按照DB11/T 562《有机蔬菜生产》相关要求执行。

8　污染控制

8.1　应选择聚乙烯、聚丙烯或聚碳酸酯类材料作为保护地的覆盖物、地膜或防虫网，不得使用聚氯类产品。

8.2　依据GB 2763中农药种类检测，所有化学农药都不得检出，检出限值依据NY 761所规定。

参考文献

曹琼，2004. 苏云金杆菌杀虫增效作用研究进展［J］. 武汉科技学院学报，2004，17（2）：44-48.

揣红运，谢学文，石延霞，等，2019. 枯草芽胞杆菌微粉剂的研制及其对黄瓜白粉病的防治效果［J］. 植物病理学报，49（5）：660-669.

杜相革，董民，2016. 有机农业导论［M］. 北京：中国农业大学出版社.

杜相革，董民，2016. 有机农业原理和技术［M］. 北京：中国农业大学出版社.

杜相革，范双喜，卢志军，2017. 叶类蔬菜病虫害防治和产品安全评价［M］. 北京：中国农业大学出版社.

郭润婷，石延霞，赵倩，等，2018. 莴笋链格孢叶斑病病原鉴定［J］. 植物病理学报，48（3）：418-422.

郝建强，姜晓环，庞博，等，2015. 释放智利小植绥螨防治设施栽培草莓上二斑叶螨［J］. 植物保护，41（4）：196-198.

李德广，杜相革，2009. 甘氨酸螯合铜的合成及表征研究［J］. 安徽农业科学，237（5 ）：1 897-1 898.

李耀明，何可佳，王小艺，等，2005. 茶皂素对 Bt 防治小菜蛾的增效作用［J］. 湖南农业科学（4）：55-57.

乔岩，张正伟，张涛，等，2018. 联合应用智利小植绥螨与丁氟螨酯防治草莓二斑叶螨［J］. 中国生物防治学报，34（4）：514-519.

石延霞，郭润婷，张涛，等，2019. 北京市生菜链格孢根腐病病原菌鉴定［J］. 植物保护学报，46（3）：658-662.

王朵，谢学文，柴阿丽，等，2019. 华北地区十字花科芸薹属蔬菜上立枯丝核菌的病原生物学研究［J］. 植物病理学报，49（5）：590-601.

王恩东，徐学农，吴圣勇，2010. 释放巴氏钝螨对温室大棚茄子上西花蓟马及东亚小花蝽数量的影响［J］. 植物保护，36（5）：101-104.

王铁臣，李红岭，司力珊，2005. 芳香蔬菜间作套种防虫试验研究［J］. 蔬菜（8）：42-43.

王铁臣，司力姗，徐凯，等，2006. 番茄间作香草植物驱避白粉虱的试验初报［J］. 中国蔬菜（7）：21-22.

王肖娟，谢慧琴，2007. 杀虫剂增效作用及其作用机理研究进展［J］. 安徽农业科技，35（13）：3 902-3 904.

徐向龙，2007. 利用大蒜驱避厨虫的研究［J］. 安徽农业科学，35，11 506-11 507.

闫文雪，石延霞，李盼亮，等，2018. 大白菜枯萎病病原镰刀菌种类的初步研究［J］. 植物病理学报，48（5）：587-593.

张茜，朴香淑，2010. 小檗碱抑菌作用研究进展［J］. 中国畜牧杂志，46（3）：58-61.

Bulter G. D. Jr., Henneberry T. J., Clayton T. E., 1983. Bemisia tabaci (Homoptera: Aleurodidae): development, oviposition and longevity in relation to temperature [J]. *Ann. Entomol. Soc. Am*, 76: 310-313.